科普图书馆

"领先一步学科学"系列

改变世界的发明

主　　编　杨广军
副 主 编　朱焯炜　章振华　张兴娟
　　　　　胡　俊　黄晓春　徐永存
本册主编　陆宇海
本册副主编　陈　昕　朱焯炜

上海科学普及出版社

图书在版编目（CIP）数据

改变世界的发明 / 杨广军主编.—上海：上海科学普及出版社，2013.7(2023.12 重印）
(领先一步学科学）
ISBN 978-7-5427-5768-5

Ⅰ.①改… Ⅱ.①杨… Ⅲ.①创造发明-技术史-世界-青年读物②创造发明-技术史-世界-少年读物
Ⅳ.①N091-49

中国版本图书馆 CIP 数据核字(2013)第 103565 号

组　　稿　胡名正　徐丽萍
责任编辑　刘湘雯

“领先一步学科学”系列
改变世界的发明
主编　杨广军
副主编　朱焯炜　章振华　张兴娟
胡　俊　黄晓春　徐永存
本册主编　陆宇海
本册副主编　陈　昕　朱焯炜
上海科学普及出版社出版发行
（上海中山北路 832 号　邮政编码 200070）
http://www.pspsh.com

各地新华书店经销　北京一鑫印务有限公司印刷
开本 787×1092　1/16　印张 15　字数 230 000
2013 年 7 月第 1 版　2023 年 12 月第 3 次印刷

ISBN 978-7-5427-5768-5　定价:48.00 元

卷首语

发明是技术和生产活动的起点——有了打制石器、人工取火，才开始了人类的物质生产，也才开始了人类不断改写社会生活的历史。技术的变革和进步，生产力和人们生活水平的提高，社会历史的发展，都离不开发明创造。

古代社会的进步依赖于石器的磨制、冶铜炼铁、养蚕织丝等发明。18世纪的产业革命，发端于新型纺织机、蒸汽机等发展发明。电子计算机和一系列现代发明，再一次从根本上改变了人们的劳动方式、生活状况和社会面貌。

人类的文明史首先是一部发明创造史。让我们一起打开这部史书，一起体验影响你我的发明……

目 录

·民以食为天——食品业发明·

·生命福音——医药发明·

『领先一步学科学』系列

·乐享信息社会——电子科技发明·

·把人类带入新纪元——改写历史的发明·

民以食为天

——食品业发明

美味佳肴我制造——发酵

◆发酵食品好处多

微生物在地球上数量无疑超过其他的生命体，并且，凡是有生物存在的地方都能找到主动或被动地生活着的微生物。由于人类所处的环境到处可以找到细菌、酵母和霉菌，因而可以预料，这些微生物与其他生物体一道进行着为获取生存所需能量的直接竞争。人类也必须与地球上所有其他生物体进行竞争。为了保证自己的食物供给，人类必须干预自然过程。人类经过研究，已能够通过控制和促进微生物的生长来制造和保藏食物。

微生物与发酵

◆馒头里的空洞就是由在发酵过程中产生的二氧化碳形成的

尽管直到一个世纪前，才认定微生物是食物腐败的重要因素，而酿造葡萄酒、烘烤面包、制作奶酪和腌制食品则已历时四千年。在那些年代里，人类曾利用不知道的、看不见的活性生物从事食品制作与保藏的实践。其实这些都离不开发酵这个过程，其中起关键作用的就是细菌等微生物。

细菌发酵是利用细菌的特殊代谢途径，把原料转化为目标产物的生物

◆葡萄酒制作过程中的发泡现象

化学过程。细菌发酵分为厌氧和好氧两种，发酵方式也有很多，产物丰富，种类多应用广。发酵细菌结构简单，有众多的特殊代谢途径，使得其食谱更宽泛，原料成本更便宜，对环境也敏感，易于改良菌种，目前应用最广的也是研究最深入的就是大肠杆菌。

发酵这个词本身也经历了演变。在发现酵母以前，这个词被用来描述葡萄酒生产中出现的发泡和沸腾现象。而在巴斯德的发现之后，这个词便被用来与微生物活动联系起来了，后来又与酶的活性联系起来。现今，这个词甚至被用来描述活细胞活动过程中二氧化碳气体的放出。但是，对于无气体释放的发酵和仅由酶来完成的发酵过程来说，气体的放出和活细胞的存在都不是必要的。如腐化的酸菜或泡菜是细菌生长分解蛋白质的结果，而不是糖类正常发酵产酸所致。

用于发酵的微生物的显著特点是产生大量的酶。以单细胞存在的细菌、酵母和霉菌，其单个细胞中就具有生长、繁殖、消化、吸收和修复的功能，而在生命的高等形态中，这些功能分配给组织。因此可以预料，完全的单细胞生物体（例如细菌、酵母等）具有比其他生物体更高的产酶和发酵能力。

发酵和腐败有明显区别。发酵是对糖类的一种分解作用；腐败则涉及微生物对蛋白性物质的全面综合作用。

知识窗

发酵产生的气体

发酵过程通常不放出腐烂的气味，而且通常产生二氧化碳。在腐败过程中，放出的物质中可能含有二氧化碳，但其特征气味是硫化氢和含硫蛋白质的分解产物。腐败发酵作用通常即受污染的发酵作用。

醋酸杆菌与醋

◆制作食醋使用的大缸

参与醋酸发酵的微生物主要是细菌，统称为醋酸细菌。它们之中既有好氧性的醋酸细菌，例如纹膜醋酸杆菌、氧化醋酸杆菌、巴氏醋酸杆菌、氧化醋酸单胞菌等；也有厌氧性的醋酸细菌，例如热醋酸梭菌、胶醋酸杆菌等。

好氧性的醋酸细菌进行的是好氧性的醋酸发酵，在有氧条件下，能将乙醇直接氧化为醋酸，是醋酸细菌的好氧性呼吸。好氧性的醋酸发酵是制醋工业的基础。制醋原料或酒精接种醋酸细菌后，即可发酵生成醋酸发酵液供食用，醋酸发酵液还可以经提纯制成一种重要的化工原料——冰醋酸。厌氧性的醋酸发酵是我国用于酿造糖醋的主要途径。

万花筒

醋酸杆菌

醋酸杆菌是一类能使糖类和酒精氧化成醋酸的短杆菌。醋酸杆菌不能运动，好氧，常存在于醋和含醋的食品中。工业上可以利用醋酸杆菌酿醋、制作醋酸和葡萄糖酸等。

小资料：用水果也能做醋——果醋

果醋是以水果（包括苹果、山楂、葡萄、柿子、梨、杏、柑橘、猕猴桃、西瓜等）或果品加工后的下脚料为主要原料，利用现代生物技术酿制而成的一种营养丰富、风味优良的酸味调味品。它兼有水果和食醋的营养保健功能，是集营养、保健、食疗等功能为一体的新型饮品。科学研究发现，果醋具有多种功能。

◆风味独特的果醋

果醋能促进新陈代谢，调节酸碱平衡，消除疲劳，果醋还具有降低胆固醇、提高机体的免疫力以及防癌抗癌作用。

乳酸菌与酸奶和泡菜

◆长寿饮品——酸奶

乳酸菌是指能使糖类发酵产生乳酸的一类无芽孢、革兰氏染色阳性细菌的总称。凡是能在葡萄糖或乳糖的发酵过程中产生乳酸的细菌统称为乳酸菌。这是一群相当庞杂的细菌，目前至少可分为 18 个属，共有 200 多种。除极少数外，其中绝大部分都是人体内必不可少的且具有重要生理功能的菌群，其广泛存在于人体的肠道中。目前国内外生物学家已证实，肠道内乳酸菌与健康长寿有着非常密切的直接关系。

早在 20 世纪初，俄国著名的生物学家梅契尼柯夫在他获得诺贝尔奖的“长寿学说”里已明确指出，保加利亚巴尔干地区的居民，日常生活中经常饮用的酸奶中含有大量的乳酸菌，这些乳酸菌能够定植在人体内，有效地抑制有害菌的生长，减少由于肠道内有害菌产生的毒素对整个机体的毒害，这是该地区居民长寿的重要原因。这个具有划时代意义的“长寿学说”，为人类利用乳酸菌生产健康食品开创了新纪元。今天，利用乳酸菌生产的健康食品已经一跃成为全世界关注的健康食品。

其实有很多食品在制造时也用了乳酸菌。例如，黄酱、酱油、泡菜等食品都离不开乳酸菌。

当被问及使用乳酸菌制造出的食品有哪些时，人们首先想到的是酸奶。所谓乳酸，和醋酸相同，是羧酸的一种。当乳酸菌制造出乳酸时，周围的环境就变成酸性了。于是，大多数细菌在酸性环境下就不再繁殖了。因此，发酵食品一般都不易变质。

链接：谷氨酸棒状杆菌可以做味精

在发酵世界里，还居住着一些“能工巧匠”，可使淀粉变成谷氨酸，它们就是细菌类的谷氨酸棒状杆菌。有了它味精的生产便由化学法转向了发酵法。从20世纪60年代开始，我国的味精生产也逐渐改成了细菌发酵法。利用细菌发酵法，生产一吨味精仅用3吨淀粉和少量的硫酸铵、尿素、氨水等就可以了。谷氨酸棒状杆菌在发酵过程中要不断地通入无菌空气，并通过搅拌使空气形成细小的气泡，迅速溶解在培养液中（溶氧）；在温度为摄氏30到37度，pH值为7到8的情况下，经28到32小时，培养液中会生成大量的谷氨酸。在谷氨酸生产中，培养基中碳氮比为4∶1时，菌

◆味精是现代人除了柴、米、油、盐、酱、醋、茶之外，另一项在烹调料理时不可或缺的调味料

体大量繁殖而产生的谷氨酸少；当碳氮比为3∶1时，菌体繁殖受抑制，但谷氨酸的合成量大增。在发酵过程中，当pH呈酸性时，谷氨酸棒状杆菌就会生成乙酰谷氨酰胺；当溶氧不足时，生成的代谢产物就会是乳酸或琥珀酸。

绿色革命——杂交水稻

◆解决中国温饱问题的正是科技的发展

中国是一个农业人口占多数的国家。贫困人口绝大多数分布在农村。经过多年的努力，农村贫困人口的温饱问题已经基本解决。这些功劳一大半要归功于中国的杂交水稻，以及杂交水稻之父——袁隆平。

杂交水稻的发展历史

◆杂交水稻丰硕的稻穗压弯了枝头

选用两个在遗传上有一定差异，同时优良性状又能互补的水稻品种进行杂交，生产出具有杂种优势的第一代杂交种，这就是杂交水稻。杂种优势是生物界普遍存在的现象，利用杂种优势提高农作物产量和品质是现代农业科学的主要成就之一。

杂种优势基本的思想和技

◆1996 年世界粮食奖获得者亨利·比舍尔

术，以及首次成功地应用于农作物生产，实现是由美国人亨利·比舍尔在 1963 年于印度尼西亚完成的，亨利·比舍尔也被学术界某些人称为杂交水稻之父，并由此获得了 1996 年的世界粮食奖。由于亨利·比舍尔的设想和方案存在着某些缺陷，无法进行大规模的推广。

后来日本人提出了三系选育法来培育杂交水稻，提出可以寻找合适的野生雄性不育株作为培育杂交水稻的基础。虽然经过多年努力，日本人找到了野生的雄性不育株，但是效果不是很好；另外日本人还提出了一系列的水稻育种新方法，比如赶粉等，但是最后都由于种种原因没法完成杂交水稻的产业化。

1971 年 2 月，袁隆平调到湖南省农业科学院专门从事杂交水稻研究工作。为加强和协调杂交水稻的科学研究，1984 年 6 月成立了全国性的杂交水稻专门研究机构——湖南杂交水稻研究中心，后又成立了国家杂交水稻工程技术研究中心，均由袁隆平任中心主任并且一直延续至今。1995 年，他当选为中国工程院院士，被称为杂交水稻之父。

杂交水稻之父——袁隆平

1960 年，袁隆平从一些学报上获悉杂交高粱、杂交玉米、无籽西瓜等，都已广泛应用于国内外生产中。这使袁隆平认识到：遗传学家孟德尔、摩尔根及其追随者们提出的基因分离、自由组合和连锁互换等规律对作物育种有着非常重要的意义。于是，袁隆平跳出了无性杂交学说圈，开始进行水稻的有性杂交试验。

1960 年 7 月，他在早稻常规品种试验田里，发现了一株与众不同的水稻植株。第二年春天，他把这株变异株的种子播到试验田里，结果证明了上一年发现的那个“鹤立鸡群”的稻株，是地地道道的“天然杂交稻”。他想：既然自然界客观存在着“天然杂交稻”，只要我们能探索出其中的规律与奥秘，就一定可以按照我们的要求，培育出人工杂交稻来，从而利用其杂交优势，提高水稻的产量。于是，袁隆平从推理及实践中突破了水稻为自花传粉植物而无杂种优势的传统观念的束缚，并立即把精力转到培育人工杂交水稻这一崭新课题上来。

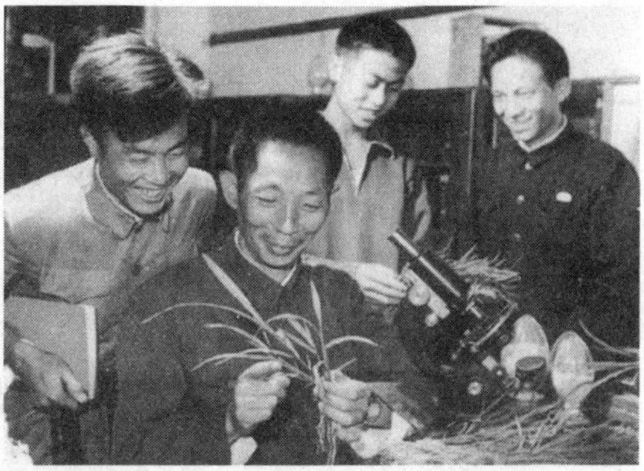

◆袁隆平刻苦钻研的精神是他成功的关键

◆袁隆平坚信，一定能让自己的“禾下乘凉梦”梦想成真

◆袁隆平和助手李必湖忙碌在海南岛的试验田里

在1964年到1965年两年的水稻开花季节里，他和助手们每天头顶烈日，脚踩烂泥，低头弯腰，终于在稻田里找到了6株天然雄性不育的植株。经过两个春秋的观察试验，终于对雄性不育水稻有了较丰富的认识。

袁隆平带领助手李必湖于1970年11月23日在海南岛的普通野生稻群落中，发现一株雄花败育株，并用广场矮、京引66等品种测交，发现其对野败不育株有保持能力，这就为培育水稻不育系和随后的“三系”配套打开了突破口，给杂交稻研究带来了新的转机。

1973 年 10 月，袁隆平发表了题为《利用野败选育三系的进展》的论文，正式宣告我国籼型杂交水稻“三系”配套成功。这是我国水稻育种的一个重大突破。紧接着，他和同事们又相继攻克了杂种“优势关”和“制种关”，为水稻杂种优势利用铺平了道路。

万花筒

获奖无数的袁隆平

从 1981 年 6 月袁隆平获国内第一个特等发明奖开始，至今他已经获得数十项国际国内大奖，在世界上享有很高声誉。1993 年，袁隆平又获美国菲因斯特基金“拯救饥饿奖”。

小资料：谁说中国人养不活中国人？

◆1995 年 8 月，美国学者布朗抛出了中国人不能养活中国人的言论

1995 年 8 月，美国学者布朗抛出“中国威胁论”，撰文说到 21 世纪 30 年代，中国人口将达到 16 亿，到时谁来养活中国，谁来拯救由此引发的全球性粮食短缺和动荡危机？这时，袁隆平向世界宣布：“中国完全能解决自己的吃饭问题，中国还能帮助世界人民解决吃饭问题”。1995 年 8 月，袁隆平还郑重宣布：我国历经 9 年的两系法杂交水稻研究已取得突破性进展，可以在生产上大面积推广。正如袁隆平在育种战略上所设想的，两系法杂交水稻确实表现出更好的增产效果，普遍比同期的三系杂交稻每公顷增产 750～1500 千克，且米质有了较大的提高。

杂交水稻提高产量的原理

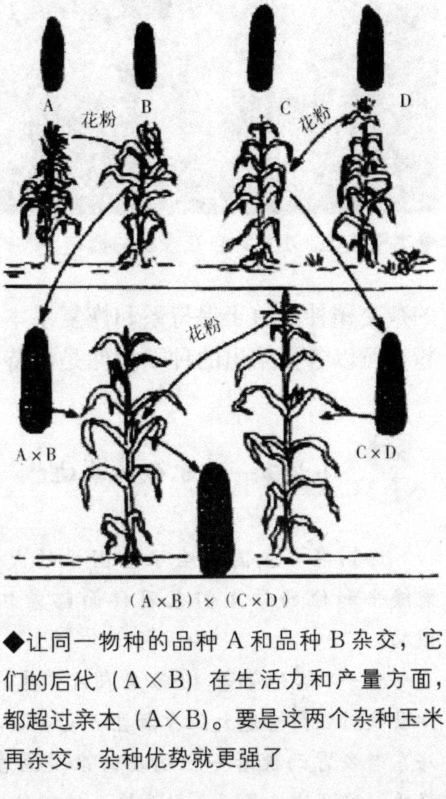

◆让同一物种的品种A和品种B杂交，它们的后代（A×B）在生活力和产量方面，都超过亲本（A×B）。要是这两个杂种玉米再杂交，杂种优势就更强了

杂交水稻是通过不同稻种相互杂交产生的，而水稻是自花授粉作物，对配制杂交种子不利。要进行两个不同稻种间的杂交，先要把其中一个品种的雄蕊进行人工去雄或杀死，然后将另一品种的雄蕊花粉授给去雄的品种，这样才不会出现去雄品种自花授粉的假杂交水稻。可是，如果我们用人工方法在数以万计的水稻花朵上进行去雄授粉的话，工作量极大，实际并不可能解决生产的大量用种。因此，要研究培育出一种水稻做母本，这种母本有特殊的个性，它的雄蕊瘦小退化，花药干瘪畸形，且靠自己的花粉不能受精结籽。

为了不使母本断绝后代，要给它找两个对象，这两个对象的特点各不相同：第一个对象外表极像母本，但有健全的花粉和发达的柱头，用它的花粉授给母本后，生产出来的是女儿。长得和母亲一模一样，也是雄蕊瘦小退化，花药干瘪畸形，没有生育能力的母本；另一个对象外表与母本截然不同，一般要比母本高大，也有健全的花粉和发达的柱头，用它的花粉授给母本后，生产出来的是儿子，长得比父、母亲都要健壮。这就是我们需要的杂交水稻，一个母本和它的两个对象。人们根据它们各自不同特点，分别起了三个名字：母本叫做不育系，两个对象，一个叫做保持系，另一个叫做恢复系，三者简称为“三系”。有了“三系”配套，我们就知道在生产上是怎样配制杂交水稻的了：生产上要种一块繁殖田和一块制种田，繁殖田种植不育系和保持系，

◆水稻开花，水稻为自花授粉的植物

当它们都开花的时候，保持系花粉借助风力传送给不育系，不育系得到正常花粉结实，产生的后代仍然是不育系，达到繁殖不育系的目的。我们可以将繁殖来的不育系种子，保留一部分来年继续繁殖，另一部分则同恢复系制种。当制种田的不育系和恢复系都开花的时候，恢复系的花粉传送给不育系，不育系产生的后代，就是提供大田种植的杂交稻种。由于保持系和恢复系本身的雌雄蕊都正常，各自进行自花授粉，所以各自结出的种子仍然是保持系和恢复系的后代。

小故事——饥饿的启迪

1960年，我国发生了全国性的大饥荒，袁隆平和他的学生们也同样面临着饥饿的威胁。

有一次，他带着40多名农校学生，到黔阳县硖州公社修建大队参加生产劳动。一天，房东老乡冒雨挑着一担稻谷回来。他告诉袁隆平，这是他从另一个村子换来的稻种。

“为什么要换稻种呢？”袁隆平问。

“那里是高坡敞阳田，谷粒饱满，产量高。施肥不如勤换种啊。”老乡说，“去年我们用了从那里换来的稻种，田里的产量提高了，今年就不用吃国家的返销粮了。”

面对饥荒，老乡们不是坐等国家救济，而是主动想办法提高产量，袁隆平很受感动。

他从这件事上，得到很大启发：改良品种，提高产量，对于战胜饥饿有重大意义。

◆2006年袁隆平在海南三亚基地与当地农民下象棋

他想，自己除了教好课，还要在农业科研上做出些成绩来，为老乡们培育出高产量的好种子。

拓展思考

1. 什么是杂交水稻？它的优点是什么？

2. 杂交水稻为什么高产？

3. 谁被誉为“杂交水稻之父”？

4. 中国为什么要大力发展杂交水稻？在发展杂交水稻方面，中国取得了怎样的效果？

快节奏饮食——快餐食品

几乎每个现代都市人的办公桌旁，都有几份快餐店的菜单或者几个快餐店的订餐电话。快餐，随着现代都市生活节奏的加快应运而生，并迅速成为现代人生活中不可缺少的重要部分。我们不想吃快餐，但我们又离不开快餐，在都市人忙碌的背后，快餐文化显得特别昌盛，速食主义成为当代社会日常生活的主旋律。

快餐逐渐成为一种文化

◆汉堡、薯条是典型的西式快餐

◆品种繁多的中式快餐

快餐是指预先做好的能够迅速提供给顾客食用的饭食，如汉堡包、盒饭等。港台一带或译作速食、即食、便当等。消费者对快餐的理解基本上可概括为由食品工厂生产或大中型餐饮企业加工的，大众化、节时、方便，可以充当主食的食物。

快餐最早出现于西方国家，英语称为“quick meal”或“fast food”。引入中国之后，来了个中西合璧，中餐吸收了外国饮食文化而形成了全新的饮食方式。它以便捷、经济的显著特征走进了千家万户。如今，快餐已成为了一种生活方式，并因此出现了“快餐文化”和“速食主义”。

历史故事

古代就有快餐

唐代市场上有一种叫"立办"的酒席，这"立办"，便是唐代的快餐。据李肇的《国史补》记载：唐德宗临时召见吴凑，任命他为"京兆尹"，而且要他立即赴任。吴凑在上任前，邀请亲朋好友家中聚餐，虽然时间很紧迫，可是接到邀请的客人到来时，酒宴已都准备好了。有些客人大惑不解，吴府的人回答道："两市日有礼席，举铛釜而取之，故三五百人之馔，可立办也。"到了宋代，在东京、杭城等地，市场上有一种比比皆是的叫"逐时施行索唤"和"咄嗟可办"的餐饮，如同今日所谓的方便快餐了。

立于不败之地的快餐

快餐既然是以"快"驰名，深受都市人"喜爱"，一定有它的好处，否则不可能成为都市饮食中的一种主流。它的好处有：快捷供应能量。当人们感到需要进食之时，也就是机体发出需要能量的信号的时候，就希望能马上进食，但在餐厅、茶楼、酒家用餐通常需在点菜后等上一段时间才可上菜，色香味刺激食欲。一般快餐店都采用色香味极高的烹调方法，例如煎炸及高浓度配料等，都是用一些刺激食欲的方法处理食物。对于平日匆忙而又胃口欠佳的人来说，快餐易食，品种相对多样，进食方法非常方便，不用自己动手，随时随地都可以用膳，是快速填饱肚子的最好选择。色香味俱全的快餐不仅可以立即进食进饮，还可以打包边走边吃，大受都

◆不用下车就能买到快餐

◆快餐店服务快捷，从点菜到上菜不过一分钟

市忙人欢迎。

“批判”快餐

◆快餐食品是造成儿童肥胖的一大原因

在许多人特别是儿童的心目中，各种风味不同的快餐是开心的代名词，是令人垂涎欲滴的美食，但营养学家却给快餐起了个绰号——垃圾食品。大量的研究表明，发达国家多种“富贵病”祸患的根源还在于快餐中的“三高”(高热量、高脂肪、高蛋白)。快餐究竟有哪些缺点呢？首先，营养供应有欠均衡。只注重肉类、糖类及油脂类供应，缺乏蔬菜、水果、纤维质、维生素及矿物质等，所以会导致营养失衡。其次，热量供应过量。快餐以油脂及高糖类物质为主，是高浓缩物质，所以不知不觉就会吸收过量。而人体若摄入过多动物性油脂的话，太多的饱和脂肪容易导致胆固醇过高，危害心脏健康。

万花筒

过多的盐分

大多数快餐的调味料都是很浓的，含有大量的盐分，对心脏、血管及肾脏都无益处，长久食用的话，身体健康肯定受损。

广角镜——快餐时代的健康生存

快餐是都市快节奏生活的产物，根据科学的分析，快餐也能吃出健康。中国营养学会常务理事就指出，食物本身没有好坏之分，个人饮食习惯却可分优劣，一个人的整体健康，取决于饮食是否均衡。适当地选择所进食的快餐，控制各种食物的比例，快餐也能吃出健康。由于西式快餐注重烹饪工艺的标准化，同类饮食的热量、脂肪等含量比较接近，人们可以计算出一餐的总热量，量化地把握营养均衡。比如说，在安排快餐时，各种食物的比例应恰当，如使用盘子盛食物，五谷类应占一半，蔬菜占1/3，蛋白质如肉类、鱼类和蛋占1/6左右。这样人体对营养物质的吸收就会科学而平衡，不会出现某方面的缺失或多出。

◆吃快餐要注意营养均衡

拓展思考

1. 你吃过快餐食品吗？它的口味如何？

2. 快餐食品有什么优点？

3. 不健康的快餐食品有什么缺点？常吃快餐食品会对健康有什么不利影响？

4. 怎样能做到既快又健康的饮食？说说你的建议。

天使还是魔鬼？——转基因食品

全球人口的迅猛增长，耕地面积的不断减少，粮食问题已成为世界许多国家面临的一个十分棘手的问题。要满足人们的食品供应，提高食品供应质量，必须依靠科学技术。目前转基因技术在食品生产中的应用，已取得明显的成效，转基因食品也已悄然走上人们的餐桌。转基因大豆油、转基因玉米等等，相信大家在不经意间就已经吃到了转基因食品。

◆难以琢磨的转基因食品

什么是转基因食品？

◆转基因食品的幽默画

转基因食品就是利用现代分子生物技术，将某些生物的基因转移到其他物种中去，改造生物的遗传物质，使其在形状、营养品质等方面向人们所需要的目标转变。以转基因生物为直接食品或为原料加工生产的食品就是“转基因食品”。

从 1983 年诞生的世界上最早的转基因作物（烟草），到 1994 年在美国批准上市的

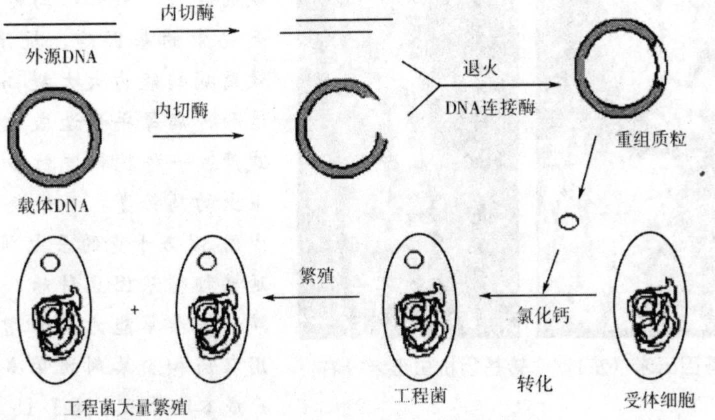

◆转基因食品原理图

美国孟山都公司研制的延熟保鲜转基因西红柿，及1999年我国水稻研究所研制的转基因杂交水稻通过了专家鉴定，转基因食品的研发迅猛发展，产品品种及产量也成倍增长，与此同时，有关转基因食品的问题亦日渐凸显。

其实，转基因的基本原理也不难了解，它与常规杂交育种有相似之处。当然，转基因比杂交具有更高的选择性。也就是说，通过基因工程手段将一种或几种外源性基因转移至某种生物体（动、植物和微生物）内，并使其有效表达出相应的产物（多肽或蛋白质），以此作为食品或以其为原料加工生产的食品就是转基因食品。

> 杂交是将整条的基因链（染色体）转移，而转基因是选取最有用的一小段基因转移。

转基因食品抗虫害

通过转基因技术可培育高产、优质、抗病毒、抗虫、抗寒、抗旱、抗涝、抗盐碱、抗除草剂等特性的作物新品种，以减少对农药化肥和水的依赖，降低农业成本，大幅度地提高单位面积的产量，改善食品的质量，缓解世界粮食短

◆非转基因玉米（左）　转基因抗虫玉米（右）

缺的矛盾。例如：马铃薯植入天蚕素的基因后，抗清枯病、软腐病的能力大大提高，过去这两种病每年会造成近 3 成的减产。一种抗科罗拉多马铃薯甲虫的马铃薯，可使美国每年少用 37 万千克的杀虫剂；阿根廷播种转基因豆种后，大豆抗病和抗杂草能力大为增加，使用农药和除草剂的量减少，生产成本比原来下降了 15%。

转基因食品的隐患

首先是毒性问题。一些研究学者认为，对于基因进行人工提炼和添加，可能在达到某些人们想达到的效果的同时，也增加和积聚了食物中原有的微量毒素。

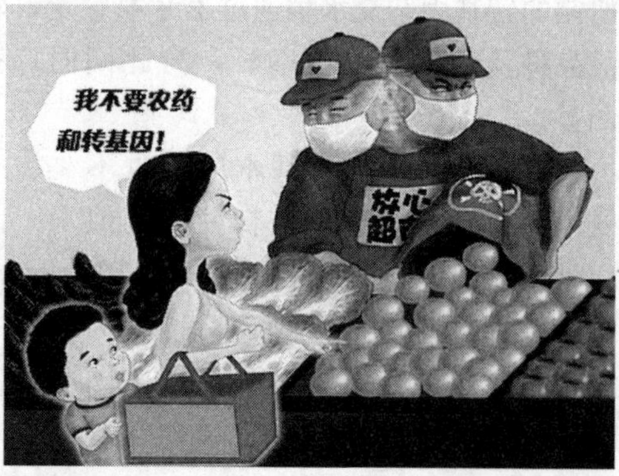

◆目前，人们对转基因食品的接受度还很低

其次是过敏反应问题。对于某一种食物过敏的人有时还会对另一种以前并不过敏的食物产生过敏。比如：科学家将玉米的某一段基因加入到核桃、小麦和贝类动物的基因中，蛋白质也随基因加了进去，那么，以前吃玉米过敏的人就可能对这些核桃、小麦和贝类食品也过敏。

第三是营养问题。科学家们认为，外来基因会以一种人们目前还不甚了解的方式破坏食物中的营养成分。

第四是对抗生素的抵抗作用。当科学家把一个外来基因加入到植物或细菌中去，该基因会与别的基因组合在一起。人们在食用了这种经改良的食物后，食物会在人体内将抗药性基因传给致病的细菌，使人体产生抗药性。

最后，生物学家们担心为了培养一些更加优良的特性，比如说更强的抗病虫害能力和抗旱能力等而对农作物进行的改良，其特性很可能会通过花粉等媒介传播给野生物种。

知识窗

对环境的威胁

许多基因改良品种中包含有从杆菌中提取出来的细菌基因，这种基因会产生一种对昆虫和害虫有毒的蛋白质。这引起了生态学家们的另一种担心，那些不在改良范围之内的其他物种有可能成为改良物种的受害者。

转基因食物罪名榜

1997～1998 年，英国等国经实验分析后发现转基因食品会导致某些动植物出现健康异常和种植区域异常的现象。由英国政府资助的研究显示，食用了转基因土豆的老鼠出现了肝脏癌症早期症状、睾丸发育不全、免疫系统和神经系统部分萎缩等异常现象。

◆转基因食品一度被视为洪水猛兽

2004 年，先正达公司研发的转基因 Bt-176 玉米爆发出丑闻。德国黑森州北部农民从 1997 年开始试种 Bt-176 玉米，并用作奶牛的补充饲料。2000 年，当农民开始提高该玉米在饲料中的比例后，所有的牛都死了。2004 年瑞士联邦技术研究院踢球植物

◆转基因食品到底安全吗?

学研究所海尔比克教授发现，Bt-176玉米中用来毒杀欧洲玉米螟的Bt毒素无法分解，最终毒死了奶牛。

2005年5月22日，英国《独立报》披露了知名生物技术公司“孟山都”的一份报告：用转基因食品喂养的老鼠出现器官变异和血液成分改变的现象。

2005年11月16日，澳大利亚联邦科学与工业研究组织（CSIRO）发表的一篇研究报告显示，一项持续4个星期的实验表明，被喂食了转基因豌豆的小白鼠的肺部产生了炎症，小白鼠发生过敏反应，并对其他过敏原更加敏感，并据此叫停了历时10年、耗资300万美元的转基因项目。

2007年，在奥地利政府的资助下，泽特克教授及其研究小组对孟山都公司研发的“转基因玉米NK603（抗除草剂）和转基因玉米MON810（Bt抗虫）的杂交品种”进行了实验。在经过长达20周的观察之后，发现转基因产品影响了小鼠的生殖能力。

法国生物技术委员会宣布，转基因玉米“弊大于利”，这等于将转基因的作物种植在法国永久废除。

2008年，意大利科学家做了一个长期实验。他们用抗草甘膦转基因大豆喂养雌性小鼠长达24个月，结果发现食用GM大豆的雌性小鼠肝脏出现异常。

万花筒

又一个危险的证据

2006年，俄罗斯科学院高级神经活动和神经生理研究所科学家伊琳娜博士研究发现，食用转基因大豆食物的老鼠，其幼鼠一半以上在出生后三个星期内就死亡，是没有食用转基因大豆老鼠的幼鼠死亡率的6倍。

广角镜——正确认识转基因食品

转基因技术在改良作物性状、提高产量等方面的贡献，是有目共睹的。一味强调转基因食品的安全性问题，甚至对其产生无谓的恐惧，显然是不足取的。

大部分专家认为，只要准确评估，转基因食品不仅不会危及人类，还可能因其生长过程中不用杀虫剂等而有利于人体健康。有专家指出，包括婴儿食品在内，转基因食品目前在美国市场上已接近4000种，有2亿人食用，目前都没有出现确证的转基因食品安全问题。

实际上，转基因食品在欧洲引发诸多是非，还源于欧洲民众对食品安全问题

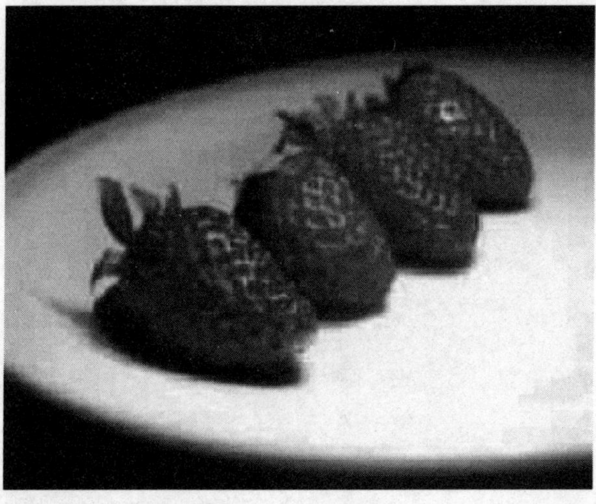

◆转基因草莓你敢吃吗?

有着特殊的"心理情结"。自英国发现疯牛病以来，欧盟区域内食品安全问题不断，在随后的"二恶英"污染、禽流感、口蹄疫等一连串事件的冲击下，欧洲人在食品安全问题上谨慎了许多。

拓展思考

1. 什么是转基因食品？你吃过转基因食品吗？
2. 转基因食品有什么安全隐患？
3. 转基因食品有什么优点？
4. 转基因食品你敢吃吗？世界各国有哪些关于转基因食品的大事记？

食物保鲜有妙招——冰箱

随着人们生活水平的提高，电冰箱已进入了千家万户，成为居家生活不可缺少的电器，它给人们的生活方式带来了很大的改变。有了它，不必再担心食物的保鲜问题，有了它，随时随地可以吃上冰激凌。就让我们一起来看看关于它的一切吧！

◆便捷的手提式小电冰箱

电冰箱按制冷形式来分，可以分为蒸气压缩式冰箱、吸收式冰箱以及半导体冰箱等；按箱体外形可分为立式冰箱、卧式冰箱、茶几式以及炊具组合式冰箱等；按箱门形式可分为单门冰箱、双门冰箱、三门冰箱及多门冰箱。

电冰箱制冷原理

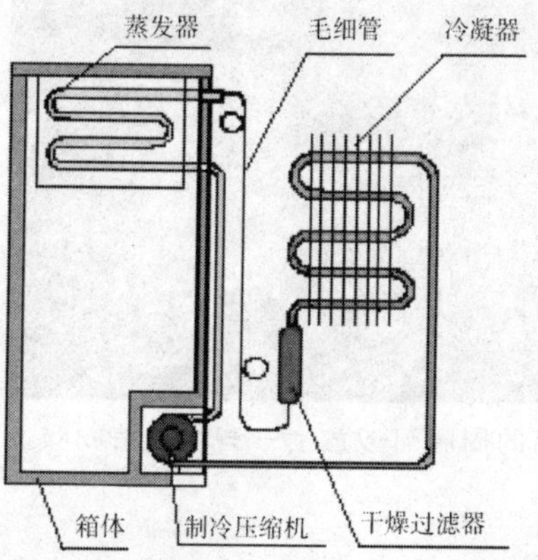

◆冰箱内部结构图

蒸气压缩式制冷装置是由制冷压缩机、冷凝器、节流装置（电冰箱中的毛细管）、蒸发器 4 个基本部件组成。电冰箱工作时，制冷压缩机不断把蒸发器中汽化的蒸气吸出，压缩后排入冷凝器，使蒸发器总保持在较低的压力下。蒸发器中的氟利昂 R12 液体在低压低温下沸腾时不断吸取冷冻室里的热量，使冷冻室维持低温。蒸发器中氟利昂 R12 的沸腾温度约为－25℃左右，其压力略高于一个标准大气压。压缩机排出的高压热蒸气在冷凝器中不断地把热量散发出，并凝结成液体。冷凝器中的冷凝温度约35℃左右（高于周围空气温度），冷凝压力约0.85兆帕左右。此时冷凝器与蒸发器之间存在着很大的压力差，约为0.75兆帕左右。毛细管就设置在冷凝器与蒸发器之间，它是内径为0.5～1毫米、长为2～4米的细长铜管。氟利昂R12流经毛细管时阻力极大，产生的压降约为0.75兆帕，起着节流的作用。

万花筒

氟利昂

氟利昂就像是热量搬运工，它将热量由冷冻室搬到箱外，但在此过程中，压缩机可是做了功的哟！热量由低温物体转移到高温物体不是自发的！

讲解——电冰箱也存在辐射

很多人喜欢将冰箱放在客厅里，其实这是非常不科学的。冰箱工作时是个高磁场，如果冰箱与电视机共用一个插座，冰箱在运转时，电磁波会导致电视的图像不稳定，这说明冰箱的电磁波是非常大的。不同波长和频率的电磁波释放出来会形成一种电子雾，影响人的神经系统和生理功能。电磁波的穿透力极强，可以透过体表深入深层组织和器官，人们平时不注意，一旦出现表层组织疼痛，就说明深层组织或者器官已经受到严重损害了。据专家介绍，冰箱运作时，后侧方或下方的散热管处的磁场最强。此外，冰箱的散热

◆在冰箱的周围可以放上一些绿色植物吸收辐射

管灰尘太多也会对电磁辐射有影响，灰尘越多电磁辐射就越大。

所以，冰箱要放在厨房等不经常逗留的场所；尽量避免在冰箱工作时靠近它或者存放食物；经常用吸尘器把散热管上的灰尘吸掉。

为什么氟利昂会破坏臭氧层？

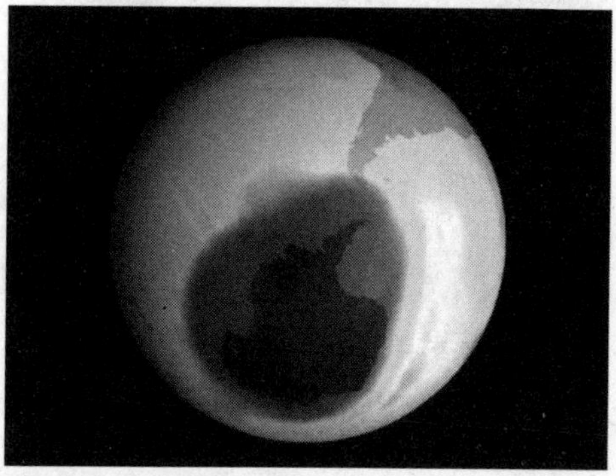
◆南极上空臭氧层空洞

根据科学家的研究，氟利昂是破坏臭氧层的罪魁祸首之一，面对保护地球与使用电冰箱这个两难问题，人类该何去何从？

电冰箱等冷冻设备释放的氟里昂－11（$CFCL_3$）和氟里昂－12（CF_2CL_2）在光化学反应中离解出的氯原子与臭氧作用生成氧原子及氧化氯，氧化氯又会与氧原子生成氯原子及氧分子。大气中臭氧的减少会给人类带来生物学和气候学两方面的严重后果。从生物学角度来说，臭氧的减少会导致皮肤癌及白内障等发病率的增加；从气候学角度来说，臭氧的减少会导致中间层和同温层变冷，同时地表变热。目前，人们正通过各种有效途径减少氮氧化物和氟里昂等进入大气，制造“无氟”冰箱就是大家所熟知的措施之一。

保护臭氧层就是保护人类自己，让我们行动起来吧！

知识窗

无氟冰箱

为了减少氟利昂对臭氧层的破坏，科学家研制了无氟“双绿色”冰箱，即冰箱的制冷剂和箱体保温发泡材料不再使用氟利昂，分别改用替代物，不再污染环境。按照国际惯例，这种电冰箱可以称之为“双绿色”，它是一种完全符合国际环保要求的新型电冰箱。

小资料：冰箱为何结霜

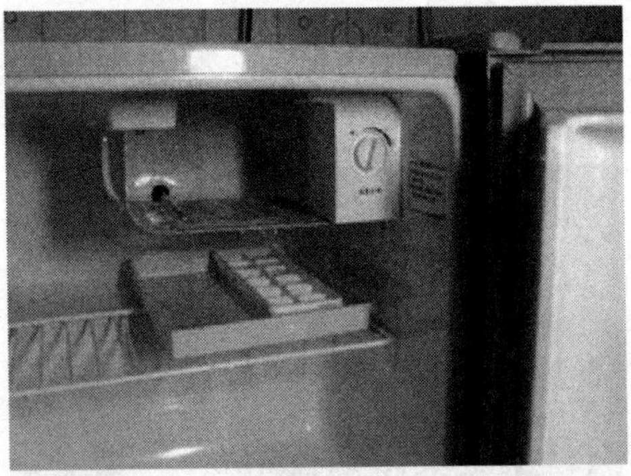
◆冰箱冷冻室里容易结霜

打开冰箱，总会看到冰箱内壁结霜，水汽从哪里来？

大部分水汽来自空气中，人们存放食品打开冰箱时，室内空气和冰箱内气体自由交换，室内的湿空气悄悄地进入冰箱里。还有一部分水汽来自冰箱里存放的食品，如清洗干净的蔬菜、放在保鲜盒里的水果等食品中的水分蒸发，遇冷后凝结成霜。人们还发现，即使冰箱里不放任何东西，经常打开的冰箱里面也会结起厚厚一层霜，可见冰箱中的水汽有很大一部分来自空气中的水汽。

冰箱里的物理知识

◆柠檬可以用来给冰箱除臭

科学在于探究，科学就在身边，利用电冰箱，你能进行哪些科学探究？想一想，说不定你会有许多小发明！

将装有一定食物的电冰箱插上电源，在冰箱里放一支温度计，过了一段时间，断开电源，每隔 5 分钟观察温度计的读数，以时间为横轴，温度为纵轴，作出时间与温度的曲线图。然后增减冰箱内的食物数量，重做上述实验，观察曲线图有何不同，你能得出什么结论。

放进冰箱的新鲜蔬菜过几天为什

么会失去水分？这是因为电冰箱中的物态变化既有熔化和凝固，也有汽化和液化，升华和凝华。

有人发现自己新买的电冰箱背面时冷时热，入夏后更是热得厉害，他怀疑冰箱的质量有问题。你认为他的怀疑有道理吗？为什么？

其实这是电冰箱在消耗电能后，转化成压缩机的机械能，把冰箱里的“热”搬运到冰箱的外面。这与冰箱内的食物数量，冰箱的放置位置等多种因素有关。夏天室温高，故而更热。

想一想议一议

如何去除冰箱异味

食物放入冰箱内时间过久，冰箱里就产生一种臭味，你能采用什么新的方法消除这种味道吗？如果你的方法可行，赶快申请专利吧！

广角镜——夏季宜防电冰箱肠炎

◆夏季预防“冰箱肠炎”

夏季，由于气候炎热，许多人喜欢吃冰箱中的食物。吃时似乎冰凉透心，浑身舒坦，令人惬意。但好景不长，往往几小时后即出现耶尔氏菌中毒症状，俗称“电冰箱肠炎”。临床上的表现为：腹部隐痛，畏寒、发热、浑身乏力，恶心呕吐，厌油、纳差和轻中度腹泻，严重者可致中毒性肠麻痹。

冰箱在生活中只是冷藏工具。它不是保险箱，更不是消毒柜。在低温环境下，病菌只是被抑制、停止生长而已，但并未冻死。在适当条件下，病菌仍可繁衍滋生。

拓展思考

1. 为什么放在冰箱中的食物保存时间比放在室温下的长?
2. 结合生活实际，谈一谈冰箱的发明给人们的生活带来哪些方便?
3. 冰箱的制冷原理是什么? 它的制冷剂是什么?
4. 为什么氟利昂会破坏大气层中的臭氧层?

无火灶具
——电磁炉和微波炉

新时代的炊具行业倡导的是“健康、节能”主题，现代人要求烹调炉既要美观亦要用途广泛，而传统的烹调用具与高档的厨房用具已经格格不入，于是继燃气炉之后，微波炉、电磁炉出现在越来越多的家庭厨房当中。在使做饭时间大大节省的同时，也避免了大量的油烟，使厨房空气变得清新，繁重的家务就此轻松。

◆具有现代感的新式厨房

“绿色炉具”——电磁炉

燃气炉有着十分致命的弱点：会产生油烟，影响人体健康。因此，电磁炉凭借其方便、快捷、环保等特点，已经逐渐为众多家庭所接受。

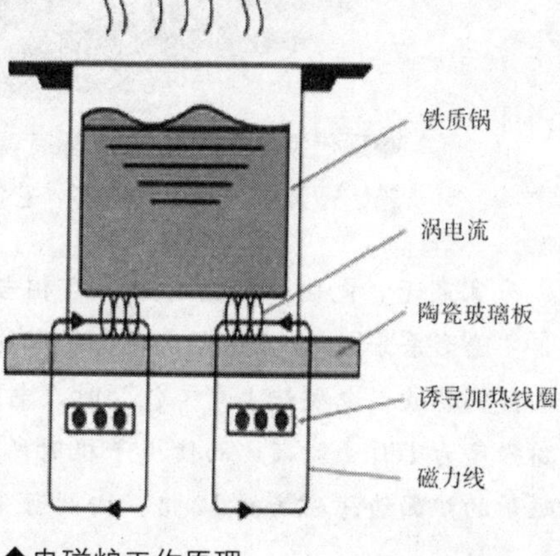

◆电磁炉工作原理

电磁炉是利用电磁感应加热原理将电能转化为热能的。电磁炉工作时，电流通过陶瓷板炉面下方的低频（20～25kHz）线圈产生磁场，磁场内的磁力线通过铁磁性金属器皿（如不锈钢锅、搪瓷锅等）

底部时，会令器皿底部产生感应电流涡流，进而迅速转化为热量来达到加热食物的目的。所谓“铁磁性金属”简单来说就是可以被磁石所吸引的金属，即一般钢或铁制的器皿。

电磁炉炉面是非金属物体，本身不会发热，因此没有被电磁炉烧伤的危险，安全可靠。

电磁炉的神奇之处就在于炉面的陶瓷表面不会发热，而锅具自行发热，并煮熟锅内食物。其最高温度可高达240度。电磁炉的热效率极高，煮食时安全、洁净、无火、无烟、无废气、不怕风吹、不会爆炸或导致气体中毒。当磁场内的磁力线通过非金属物体时，不会产生涡流，因此也就不会产生热量。

讲解——电磁炉有辐射吗?

◆现代家庭中许多电器都有辐射，例如：电视机、电冰箱、微波炉、电磁炉等等，它们对人体有害吗?

专家表示，电磁炉的辐射频率只相当于手机的六十分之一。因此，电磁炉并非“隐形杀手”。合理用之，还会对人的身体健康产生良好的作用。

当锅具放在电磁炉上“工作”时，电磁炉所产生的闭合磁场在电磁炉边缘的最高强度为160毫高斯，而使用手机时所产生的信号磁场接近1600毫高斯，是电磁炉的炉面边缘磁场的10倍。由此可见，电磁炉所产生的磁场对人体影响远不如手机。

电磁炉优点多多

第一是高效多功能。由于电磁炉采用的是电磁感应原理加热，减少了热量传递的中间环节，因而其热效率可达80％～92％以上，以1600瓦功率的电磁炉计，烧两升水，在夏天仅需7分钟，与煤气灶的火力相当。用它蒸、煮、炖、涮样样全行，即使炒菜也完全可以。

◆电磁炉做饭，样样在行

第二是清洁。由于其采用电加热的方式，没有燃料残渍和废气污染，因而锅具、灶具非常清洁，即使使用多年仍可保持鲜亮如新，使用后用水一冲一擦即可。电磁炉本身也很好清理，没有烟熏火燎的现象。它无烟、无明火、不产生废气，外形简洁，工作起来静悄悄的。

◆新型感应式电磁炉灶在不久的将来会代替燃气炉

第三是安全。电磁炉不会像煤气那样，易发生泄露，它也不产生明火，不会成为事故的诱因。此外，它本身设有多重安全防护措施，即使有时汤汁外溢，也不存在煤气灶那样熄火跑气的危险，使用起来省心。电磁炉炉子面板不发热，因此也不存在烫伤的危险。

第四是方便。电磁炉本身仅几千克重，拿上它随便去哪都不成问题，只要是有电源的地方它全能使用。尤其是在炖、煮、烧热水的时候，人可以走开做其他的事情，即省心又省时。

万 花 筒

经济实惠的电磁炉

电磁炉是用电大户，要用它作为厨房主要厨具，功率一定要选择在1600瓦以上。但是，由于电磁炉加热升温快速，目前电价相对又较低，计算起来，所费并不多。况且电磁炉的价格便宜，几百块钱就可以买到。

微波炉的工作原理

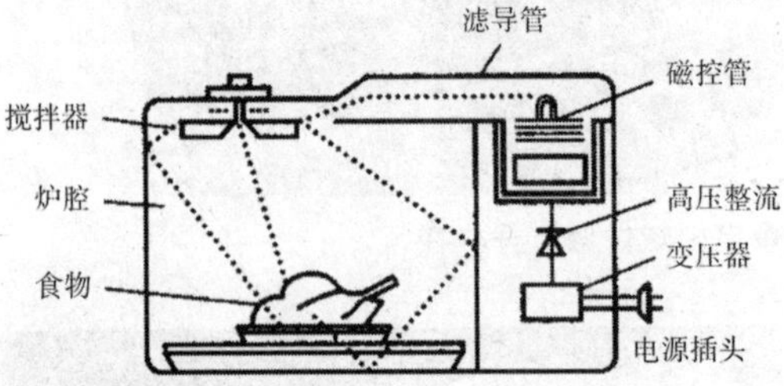

◆微波炉的工作原理

1946年，斯潘瑟还是美国雷声公司的研究员。一个偶然的机会，他发现微波溶化了糖果。事实证明，微波辐射能引起食物内部的分子振动，从而产生热量。1947年，第一台微波炉问世。

◆微波炉的发明者斯潘瑟

顾名思义，微波炉就是用微波来煮饭烧菜的。微波是一种电磁波。这种电磁波的能量不仅比通常的无线电波大得多，而且还很有“个性”。微波一碰到金属就发生反射，金属根本没有办法吸收或传导它；微波可以穿过玻璃、陶瓷、塑料等绝缘材料，但不会消耗能量；而含有水分的食物，微波不但不能透过，其能量反而会被吸收。

微波炉正是利用微波的这些特性制作的。微波炉的外壳用不锈钢等金属材料制成，可以阻挡微波从炉内逃出，以免影响人们的身体健康。装食物的容器则用绝缘材料制成。微波炉的心脏是磁控管。这个叫磁控管的电子管是个微波发生器，它能产生振动频率为每秒钟 24.5 亿次的微波。这就是微波炉加热的原理。微波炉烹饪速度比其他炉灶快 4～10 倍，其热效率高达 80%以上。

微波能穿透食物达5cm深，并使食物中的水分子也随之运动，剧烈的运动产生了大量的热能。

广角镜——微波食品能吃吗？

微波食品，是指经微波炉加热烹饪而成的食品。然而，一些源自国外网站的文章却对微波食品提出质疑。微波食品真的毫无营养？微波食品有害健康？微波食品可以致癌吗？

◆放心吧，微波食品可以安全食用

微波烹饪会引起食物营养成分的丢失是事实，但实际上对食物的任何加工过程都会导致其营养成分的丢失，而不单单是微波炉加热。如此武断地说其营养价值会丢失 60%～90%，就显得非常夸张和片面。在微波炉加热的过程中，也许食品中的某一种成分会丢失得比较多，例如微波炉加热卷心菜、芜菁时会导致其中的胰蛋白酶抑制剂的丢失。但同样的成分在微波炉加热芥兰、红薯等食物时，其丢失量就要少于传统的烹调方式。

巧妇的多面手——微波炉

【食物烹调】

利用微波炉进行食物烹调既方便又快捷。在烹调过程中，微波以每秒 24.5 亿次的频率使食物中的极性分子（如水分子）振荡摩擦，产生分子热。同时，用微波炉加热不通过器皿等中间介质传递热量因而不会耗散部分热量，且在微波能达到的食物深度范围内，表里同时受热，因此烹调时间明显缩短，烹调速度快。例如蒸一只鸡或烤一只鸭只需 8 分钟。

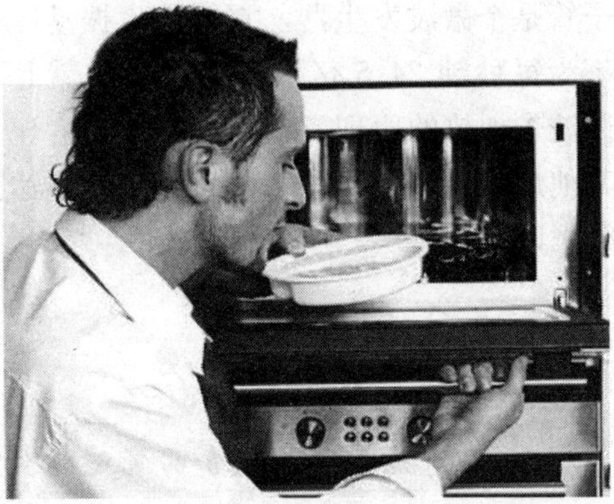

◆微波炉是无油烟厨房的主要帮手

【食物解冻】

冷冻的食物很难在较短的时间里解冻，人们对此往往感到十分麻烦。微波炉能够很好地解决这一问题。自然解冻的过程是由表及里进行的，速度慢。利用微波炉解冻，则可在微波所能达到的深度范围内，表里同时受热解冻，速度快。

【食物二次加热】

这是一般消费者使用微波炉感到最实惠、最方便之处。对熟食、剩饭、方便食品、微波炉专用食品等进行再加热，只需几分钟或几十秒，即可加热到所需温度，且保持原汁原味。

【食物干燥、脱水】

可利用微波炉加热食品能大量蒸发水分的原理，对某些食物进行干燥或脱水处理。以达到防霉变或长期保存的目的。

【食物保鲜】

对于剩菜，为防变质可同盛放的器皿一起经微波炉加热几分钟，冷却后再放入冰箱保存，这样可相对增加保鲜保质时间。

◆用微波炉还可以给厨房的抹布消毒

【灭菌消毒】

试验表明，一定强度的微波能在 1 分钟内杀灭所有大肠杆菌；6 分钟内杀灭沙氏菌、志贺氏菌、葡萄球菌和鼠伤寒沙门氏菌。

微波泄漏对人体有害吗？

◆微波炉使用时不要离得太近

当然，人体与微波辐射源（如工作中的微波炉）距离很近时，可能因受到过量的辐射作用而出现头昏、睡眠障碍、记忆力减退、心动过缓、血压下降等症状。研究发现，当人眼靠近微波炉泄漏处约 30 厘米时，微波漏能达 1 毫瓦/平方厘米时，会突然感到眼花，眼底检查见视网膜黄斑部上方有点状出血。

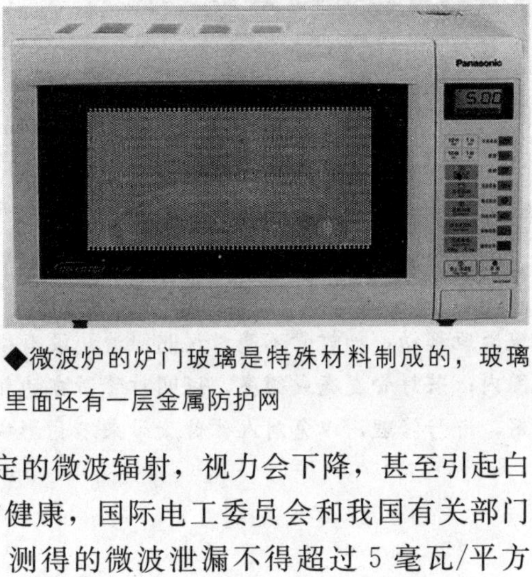

◆微波炉的炉门玻璃是特殊材料制成的，玻璃里面还有一层金属防护网

微波炉的加热腔体采用金属材料制成，微波不能穿透出来。微波炉的炉门玻璃是采用一种特殊的材料加工制成，一般设有金属防护网、载氧体橡胶、炉门密封系统和门锁系统等安全防护措施，可以防止微波泄漏。人体最容易受到微波伤害的部位是眼睛的晶体。如果眼睛较长时间受到超过安全规定的微波辐射，视力会下降，甚至引起白内障。为了保障使用者的安全与健康，国际电工委员会和我国有关部门规定，在微波炉门外 5 厘米处，测得的微波泄漏不得超过 5 毫瓦/平方厘米。

专业人士建议：消费者既不要对微波辐射置之不理，也不要过分紧张，只要您合理选择，使用防护得当，就可以充分享受到高科技带给您的舒适生活。

万花筒

机械防泄漏

微波泄漏问题，是在微波炉制造中首先应当解决的要素，其中有一种方式叫机械防泄漏，主要靠炉门的密封性来实现防微波泄漏。先进的电控构件可以及时切断磁控管的工作电源，如用以隔断微波泄漏所采用的三级连锁防护技术，以确保无微波泄漏。

广角镜——教您如何巧测微波泄漏

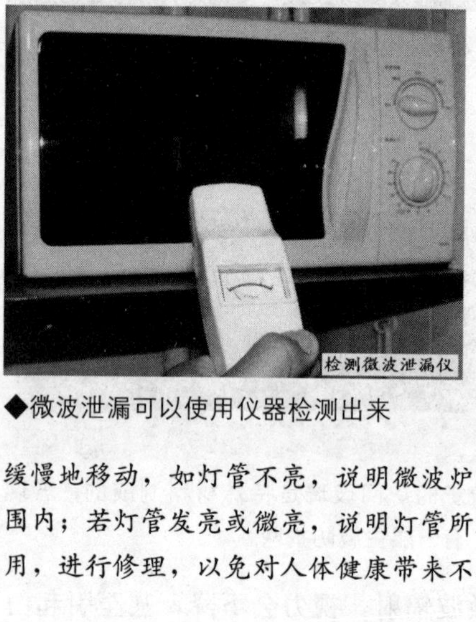

◆微波泄漏可以使用仪器检测出来

假如在微波炉炉门处，每平方厘米的微波泄漏有10毫瓦的话，那么在1米以外的空间只有0.001毫瓦的强度了。何况微波炉炉门处实际的泄漏量要远远低于这个数值。那么我们怎么来自行测量辐射量呢？

晚间，准备一根短小的荧光灯管（如6瓦、8瓦或应急灯管），并关闭室内照明，使检测环境处于黑暗中。在微波炉处于工作状态后，将灯管靠近炉门缓慢地移动，如灯管不亮，说明微波炉没有微波泄漏，或者泄漏量在安全标准范围内；若灯管发亮或微亮，说明灯管所在的相应位置有微波泄漏，应立即停止使用，进行修理，以免对人体健康带来不利影响。

生命福音

——医药发明

魔高一尺，道高一丈
——抗生素

抗生素大家早已不陌生了，在普通人群中间的知名度很高，它的发明给人们的健康带来了福音，但同时也出现了种种其他的影响。在下面的内容里我们一起来看看什么是抗生素，以及该如何合理利用抗生素。

抗生素意外地被发现和发展

1928 年 7 月下旬某日，一粒不知来自何处的霉菌孢子，落到了英国伦敦大学圣玛莉医学院细菌学教授弗莱明实验室的某个培养皿上。当时，弗莱明正为撰写一篇有关葡萄球菌的回顾论文而培养了大批金黄色葡萄球菌。不过整个 8 月里，弗莱明都在乡间度假，直到 9 月 3 日才返回实验室。

◆弗莱明在他的实验室中

美国制药企业于1942年开始对青霉素进行大批量生产。这些青霉素在世界反法西斯战争中挽救了大量美英盟军的伤病员。

放假回来的弗莱明将一堆用过的培养皿，堆在水槽中准备清洗，有位之前的助理正巧来访，弗莱明顺手拿起最上层一个还没浸到清洁剂的培养皿给助理看。突然，他的注意力被某个奇特的景象所吸引：该长满细菌的

◆1945 年，诺贝尔基金会把当年的医学奖授给了发现青霉素的三位元勋：弗莱明(左)、钱恩（中）和弗洛里（右）。他们三人作为生命卫士所建树的伟大功勋，将永远是一座立于全人类心中的巍峨丰碑。

培养皿中有个角落长了一块霉菌，其周围却清洁溜溜，细菌不生。弗莱明马上想到该霉菌可能分泌某种物质，杀死了细菌或抑制了细菌的生长。于是弗莱明便将该培养皿上的霉菌取出培养，并试着分离其中的有效成分，盘尼西林（又称青霉素）因此问世。

然而遗憾的是弗莱明一直未能找到提取高纯度青霉素的方法，于是他将霉菌一代又一代地培养，并于 1939 年将菌种提供给准备系统研究青霉素的英国病理学家弗洛里和生物化学家钱恩。通过一段时间的紧张实验，弗洛里、钱恩终于用冷冻干燥法提取了青霉素晶体。之后，弗洛里在一种甜瓜上发现了可供大量提取青霉素的霉菌，并用玉米粉调制出了相应的培养液。1941 年开始的临床实验证实了青霉素对链球菌、白喉杆菌等多种细菌感染的疗效。这些青霉素在世界反法西斯战争中挽救了大量美英盟军的伤病员。1945 年，弗莱明、弗洛里和钱恩因发现青霉素及其临床效用而共同荣获了诺贝尔生理学或医学奖。

链接：用青霉素之前一定要做皮试

青霉素之所以既能杀死病菌，又不损害人体细胞，原因在于青霉素所含的青霉烷能使病菌细胞壁的合成发生障碍，导致病菌溶解死亡，而人和动物的细胞则没有细胞壁。但是青霉素会使个别人发生过敏反应，所以在应用前必须做皮试。

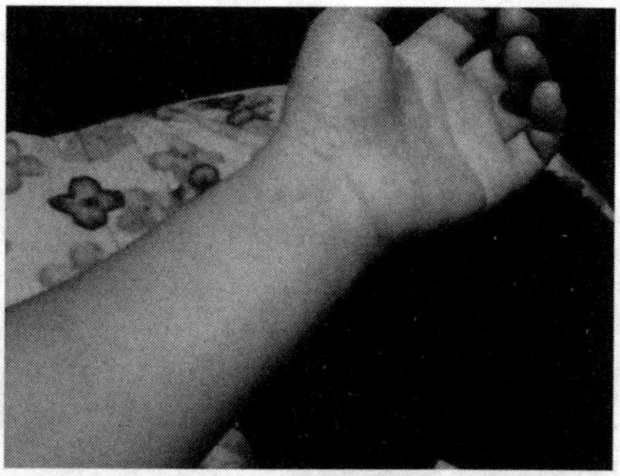

◆用青霉素之前一定要做皮试

多样的抗生素

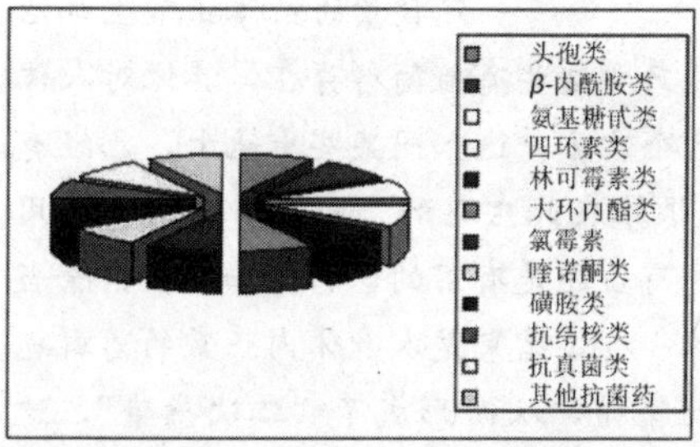

◆抗生素的种类

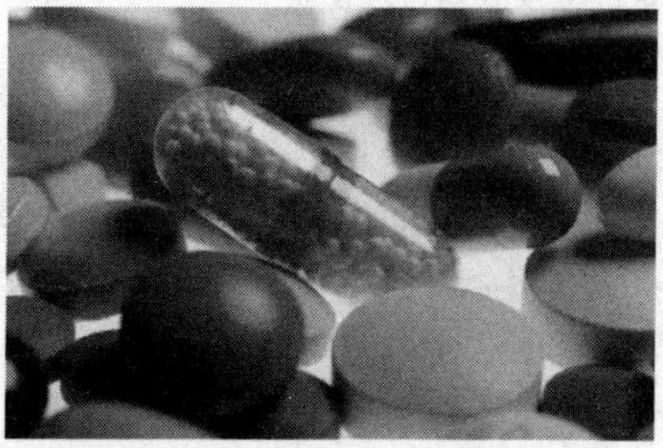

◆种类繁多的抗生素服用必须谨慎

严格意义上讲，抗生素就是在非常低浓度下对所有的生命物质有抑制和杀灭作用的药物。比如说我们针对细菌、病毒、寄生虫甚至抗肿瘤的药物都属于抗生素的范畴。但我们在日常生活和医疗当中所指的抗生素主要是针对细菌、病毒微生物的药物，它的种类是相当多的，大概可以分成十余种大类。在临床上常用的有一百多种，比如我们常用的青霉素一类就有很多品种。头孢菌素、红霉素类也有很多品种。每一种类都有自己的特点，在使用时宜针对不同的疾病、人群、细菌等，适当地予以选用。但须注意的是，目前这类药均属处方药，在应用时应注意安全，最好听从医生的建议。

广角镜——合理使用抗生素

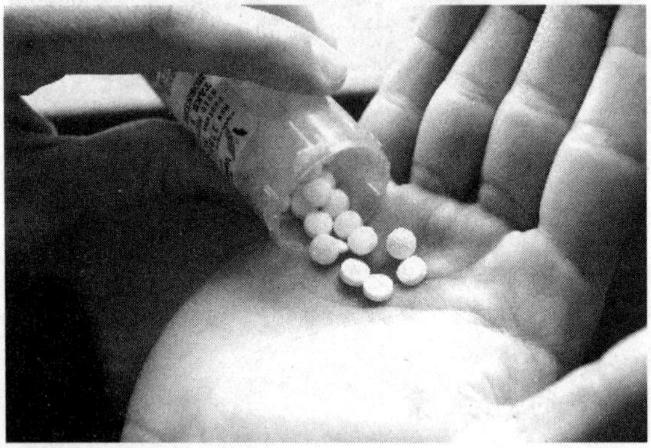
◆抗生素必须合理使用

抗生素如同一把双刃剑，用之科学合理，可以为人类造福，若使用不恰当则要危害人类的健康。滥用抗生素会导致菌群失调。正常人类的肌体中，往往都含有一定量的正常菌群，它们是人们正常生命活动的有益菌，比如：在人们的口腔内、肠道内、皮肤上都含有一定数量的人体正常生命活动的有益菌群，它们参与人体的正常代谢。只要这些有益菌群存在，其他对人体有害的菌群是不容易在这些地方生存的。打个比方，这如同某些土地上，已经有了一定数量的“人类”，其他的“人类”是很难在此生存的。因此当人们在滥用抗生素时，抗生素是不能识别菌群对人类是有益还是有害的，它们如同在铲除当地“土匪”的同时，连同老百姓也一起杀掉一样，结果是人身体内正常的菌群也被杀死了。这样，其他的有害细菌就会在此繁殖，从而形成了“二次感染”，这往往会导致应用其他抗生素无效，死亡率增高。

想一想——感冒需要使用抗生素吗？

感冒，西医称“上呼吸道感染”，90%以上是由病毒引起的。病毒是一种比细菌还小的微生物，寄生在人体细胞内。目前，不管多贵多好的抗生素都只对杀灭细菌有效，而无法进入细胞内向病毒“开战”。因此，抗生素对绝大多数感冒是无效的。感冒是一种自限性疾病，面对感冒既不能麻痹大意，也无须过分惊慌。只要注意多休息、多喝白开水、多吃易消化的食物，一般经过一周时间就可痊愈。症状严重的，在医生指导下服用一些抗病毒和对症治疗的药物，可以改善症状，减轻痛苦。至于细菌引起的感冒，临床上较少见。这种感冒全身症状较重，咽痛明显，基本上没有打喷嚏或流鼻涕的现象，到医院做个血常规化验，往往会发现白细胞偏高，这时医生才会建议使用抗生素。

拓展思考

1. 什么是抗生素？它是怎样被发现的？
2. 为什么用青霉素之前要做皮试？
3. 抗生素对人体有一定的副作用，我们该如何合理利用它？

无敌穿透王——X射线

有一种奇妙的射线能够看透人类的身体。它使医生首次可以不用开刀就能看清患者身体内部的构造，以便医生更清楚知晓患者身体的状况，可以更好地了解和掌握病情。

也许没有一项医疗技术能像X光那样震撼人心。自它诞生后的100多年里，人们一直为其倾倒。作为突破性技术，人们最初对它的用法和安全性缺乏了解，很多人疑惑不解。但不可否认，X光确实改变了医学的面貌。

X射线的发现

◆X射线的发现者——威廉·伦琴

1895年11月8日，德国物理学家伦琴在研究阴极射线管的高压放电时，偶然发现镀有氰亚铂酸钡的硬纸板会发出荧光。这一现象立即引起了细心的伦琴的注意。经仔细分析，他认为这是真空管中发出的一种射线引起的。于是一个伟大的发现诞生了。由于当时对这种射线不了解，故称之为X射线。后来也称伦琴射线。

知识窗

X射线

X射线是一种波长很短的电磁辐射。它具有很强的穿透本领，能透过许多对可见光不透明的物质。这种肉眼看不见的射线可以使很多固体材料发出可见的荧光，使照相底片感光以及产生空气电离等效应。在真空中，当高速运动的电子束轰击金属靶时，靶就会放出X射线，这就是X射线管的结构原理。

伦琴发现，不同物质对X射线的穿透能力是不同的。在X射线被发现仅半年时间里，在当时对X射线的本质还不清楚的情况下，X射线即在医学上得到了应用，例如X射线照像术。1896年1月23日，伦琴在他的研究所作了第一个关于X射线的学术报告。1901年，伦琴因X射线的发现而获得了第一个诺贝尔物理学奖。

小故事：与X射线无缘的人

意外的发现就是偶然的一次惊喜收获。在科学领域，它每天都会出现，但它只眷顾那些有准备的人。这些人一旦发现实验中的意外结果，不会简单地一丢了之，而是积极地关注其中的原因，仔细进行分析和研究，最后他们就有可能得到意外的发现。

◆英国物理学家威廉姆·克鲁克斯

其实在伦琴以前，同样的实验场景也曾发生在英国物理学家威廉姆·克鲁克斯等人身上。克鲁克斯发现这些试管偶尔会在显像图版上留下阴影，但他并没有深究下去，而是把显像图版退给了厂家，抱怨这些产品有毛病。事实上，它们正是X光照射后留下的影像。而伦琴不一样，他要把这一现象弄个清楚明白。因为当时对这种射线还不了解，所以他给它取名为“X射线”。X在数学上通常代表一个未知数。这是一个神秘而无可辩驳的事实，是一个激动人心的新发现。

令人爱恨交加的X光

◆放射科的医生穿X射线防护服

自伦琴发现X射线以后，一股X射线热潮席卷了当时社会。科学家用它扫描了很多静止的物体。公众叫嚷着要用X射线透视自己的头部。人们拍下自己的X射线照片并送给亲朋好友。有一个妇女在纽约拍了一张X射线照片，并声称这是她有生以来见到的最美的照片。绅士们穿着名贵的礼服，也借X射线来展示骨骼系统，甚至还能看见皮夹子里的硬币。

但真正的危险却在后面。X光首先受到吹捧的理由竟然是其神奇的治疗效果，据说它可以缓解皮肤的刺痛感。但长年累月之后，人们才发现真相，皮肤不再刺痛的原因竟然是皮肤已经坏死了。X光杀死了皮肤组织细胞。一些人的手指甲齐刷刷地脱落了，接着出现了癌症症状，然后死于非命。

人们不知道这是由于X射线的生物特性所引起的。当X射线照射到生物机体时，生物细胞受到抑制、破坏甚至坏死。所以，X射线对正常机体有一定的伤害，人们需要做相关的防护措施。患者和医生都应该采用手套、挡板还有屏障等保护措施，使操作X光设备时免遭过度的辐射。、

由于X射线穿过人体时，受到机体各个器官不同程度的吸收，如骨骼吸收的X射线量比肌肉吸收的量多，那么通过人体后的X射线量就不一样，这样便携带了人体各部分密度分布的信息，在荧光屏上或摄影胶片上引起的荧光作用的强弱就有较大差别，因而在荧光屏上或摄影胶片

上将显示出不同密度的阴影。根据阴影浓淡的对比，结合临床表现、化验结果和病理诊断，即可判断人体某一部分是否正常。

X射线对人体到底有没有危害？

X光透视会对身体有影响吗？哪些人不能做透视？其实X射线透视和摄影所用剂量是很小的，仅限在安全剂量之内。偶尔做一次胸部透视，不会引起不良反应。而且拍片所用的X射线剂量并非完全被人吸收，绝大部分是从人体中穿透的，只有很少一部分才被人体吸收。孕妇在怀孕3个月以内就不宜做X射线检查，因为这个阶段的胎儿还未成形，孕妇如果过多地吸收X射线，容易造成胎儿智力低下，还可导致出生后癌症的发病率提高。

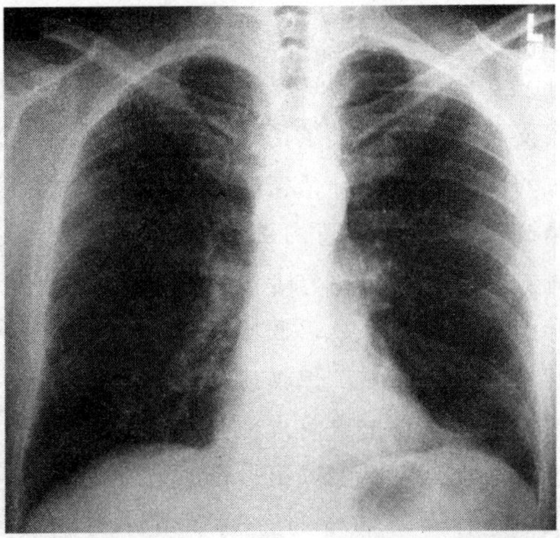

◆X光胸透图片

进入人体的侦探
——纤维内窥镜

在电视剧《西游记》中，孙悟空为了要芭蕉扇，变成了昆虫钻进了铁扇公主的肚子里面。孙悟空跌跌撞撞，在铁扇公主的五脏六腑沟沟壑壑中翻江倒海。然而，这只是作者的一种艺术虚构和想象。长期以来，医生只能凭借患者的描述进行诊断。但描述的可信度又如何呢？患者在信中写出他们的感受，然后医生在此基础上做出诊断。在今天看来，这种诊断病情的方法简直不可想象，甚至有些荒谬可笑。

◆神通广大的孙悟空

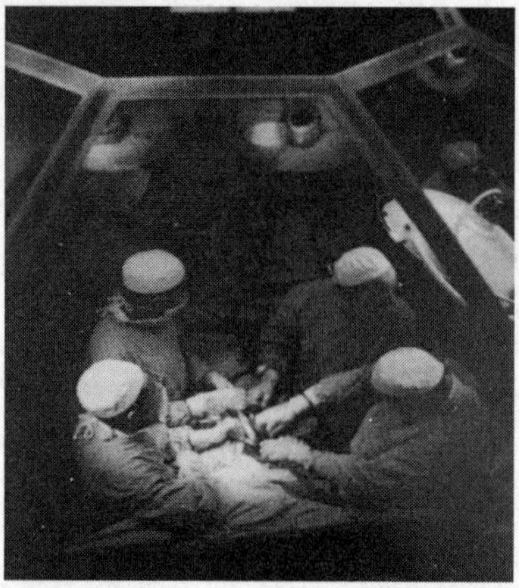

◆在19世纪，给病人开刀是十分危险的，很容易受到细菌的感染

当然在万不得已的情况下，医生们往往需要亲自去检查患者，这样才能掌握病情。但他们用的是什么方法呢？他们没有别的办法，直到19世纪，医生也还只能借助开刀才能看到患者的身体内部。而这往往会有很大的风险，因为当时既无抗生素，也没有麻醉剂，更没有几个医生懂得无菌手术。每一次检查或手术过后，患者都要用很长的时间来对抗细菌感染，有的甚至为此送掉生命。

医生们束手无策。那么到底有没

有其他办法看到人体内部及时发现病情呢？千百年来医学家们一直在探索。

内窥镜的发明

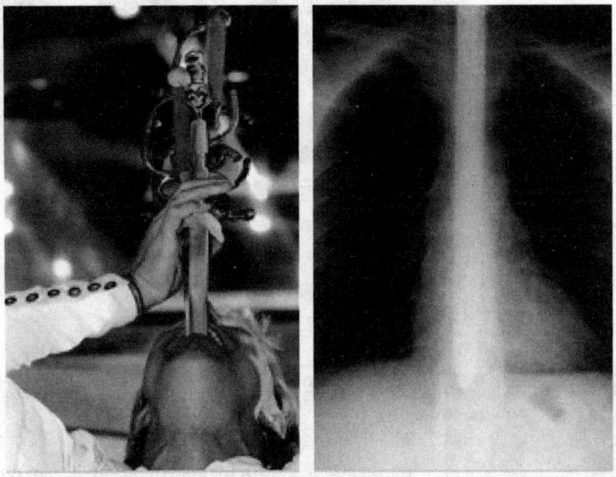

◆内窥镜的发明也许得到了吞剑表演的启示

出人意料的是，并不是医生或科学家发现了从身体内部诊断病情的方法，而是一个歌手的古怪念头导致了内窥镜的发明。这个歌手的名字叫加西亚，他对自己的声带和喉咙十分感兴趣，但是无法看到自己的声带是如何工作的。

加西亚开始寻找合适的工具。他想，人的声带在喉咙部位，是不是可以用牙医的镜子试试。回到家，加西亚就迫不及待地尝试起来。果然，他利用牙医镜和另外一个手持镜，看到了自己声带的活动。这种小镜子在当时尚未广泛使用。但因为加西亚，它改变了医学的历史进程。

> 大约在1868年，德国人库斯马尔研制了第一款刚性内窥镜，为此，他曾经选择表演吞剑的艺人作为试验对象。

讲解——光在光纤中的传输

光在同种均匀介质中是沿直线传播的，但当光线照射到某一物质上时便会发生折射和反射。入射光、折射光和介质的界面之间存在着一种相互关系，这就是入射角和折射角。折射角随着入射角的变化而变化。当光线从光密介质射入光疏介质，角度变化到一定程度时，光就不能再射入另一种介质中了，于是就会产生光的全反射现象。

光之所以能在光纤中传输，根据上面讲到的光折射原理，我们就会明白，只要一束光线射入的角度合适，那么这束光线就会在光纤内部不停地进行全反射而传向另一端。

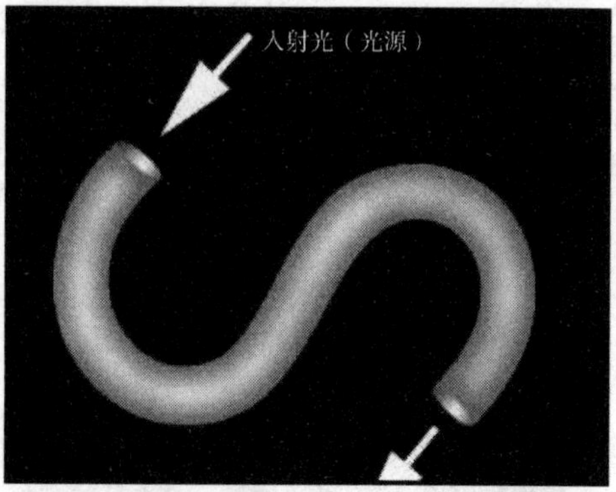

◆光在光纤中的传输

内窥镜的奇妙旅程

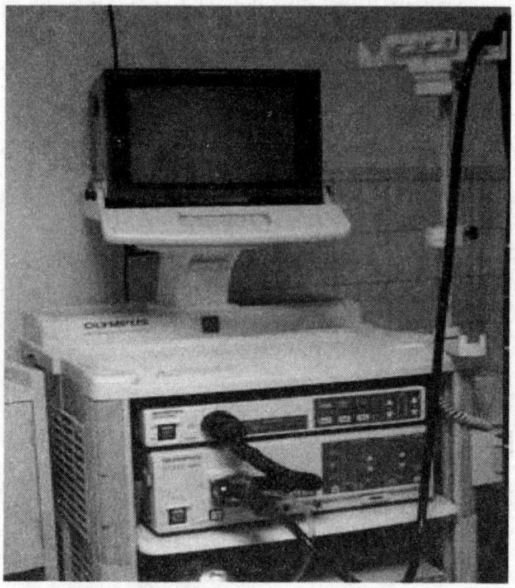
◆电子内窥镜系统

早期的内窥镜应用于直肠检查，医生在患者的肛门内插入一根硬管，借助蜡烛的光亮，可以用肉眼观察直肠的病变。然而，这个时期的内窥镜的最大缺陷就在于它无法弯曲。为了让仪器观察到体内的某个器官，患者不得不想尽方法扭曲身体。做这种检查，患者通常要承受极大的痛苦，而且由于器械实在是很硬，造成穿孔的可能性也很大。更重要的是，由于内窥镜是刚性的，人体内有些地方根本就深入不进去。于是让内窥镜变得更柔软一些就成了一个需要研究的课题。

今天，人类已经进入了电子内窥镜时代。这是继第一代硬式胃镜和第二代光导纤维镜之后的第三代内窥镜。电子内窥镜的成像原理是利用电视信息中心装备的光源所发出的光，经内窥镜内的光导纤维将光导入患者的体腔内，CCD图像传感器接受到体腔内黏膜面反射回来的光，将这种光转换成电信号，再通过导线将信号输送到电视信息中心，电视信息中心将这些电信号经过贮存和处理，最后传输到电视监视器中，在屏幕上显示出患者的彩色黏膜图像。由于CCD的应用，使像素比纤维内窥镜大大增加，图像更加清晰逼真。因此，它具有很高的分辨能力，可以观察到胃黏膜的微细结构，故可以发现微小病变，达到早期发现、早期诊断、早期治疗的目的。

历史典故

爱迪生的贡献

早期内窥镜的另一难题是照明设备。1879 年，爱迪生发明了灯泡，使内窥镜有了合适的照明方法。在此后的一两年时间里，很小的灯泡也问世了。这种电灯泡非常小巧，它可以安装在器械的顶部，在人体内为医生提供照明。

20 世纪 60 年代，光纤技术把内窥镜带入了新纪元。仿佛只是一瞬间，人们就可以深入到过去刚性内窥镜一直无法企及的人体部位了。

广角镜——内窥镜的未来

下一代的内窥镜会是什么样子呢？如今新科技将把它们做成一种叫做“照相药丸”的小东西。它体形小巧，易于吞服，而且可自行穿越人体的消化系统，并把拍摄下来的信息发送给外部的接收设备。医生希望这些药丸可以拍下过去无法看到的身体器官的影像，从而对传统内窥镜检查错漏的疾病进行诊断。

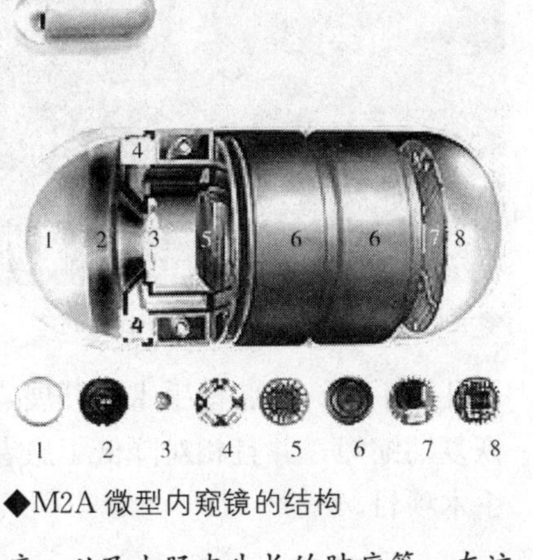

◆M2A 微型内窥镜的结构

右图为 M2A 微型内窥镜。用它做检查不会给病人带来痛苦，还可以帮助医生看见人体长达 6.4 米的小肠内发生的病变，如不明显的内出血、侵犯胃肠道的各种病，以及小肠内生长的肿瘤等。在这种微型内窥镜问世前，医生是无法对全部小肠进行探查的。M2A 微型内窥镜的内部结构为：1. 光学圆盖；2. 透镜固定环；3. 透镜；4. 照明发光二极管；5. 互补金属氧化物半导体成像器；6. 电池；7. 专用集成电路；8. 天线。

对着“电视机”动手术——腹腔镜

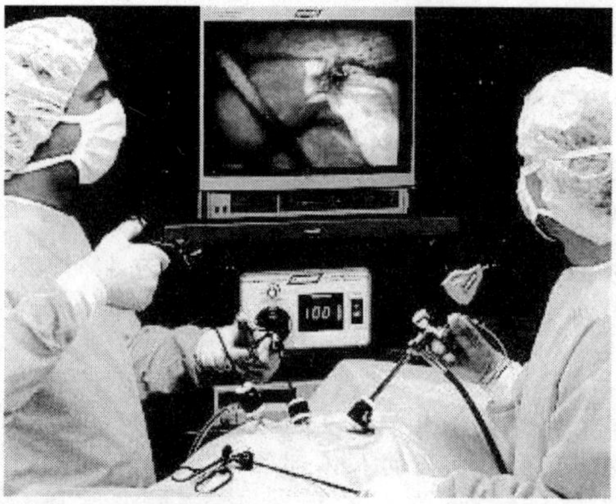

◆腹腔镜胆囊切除术

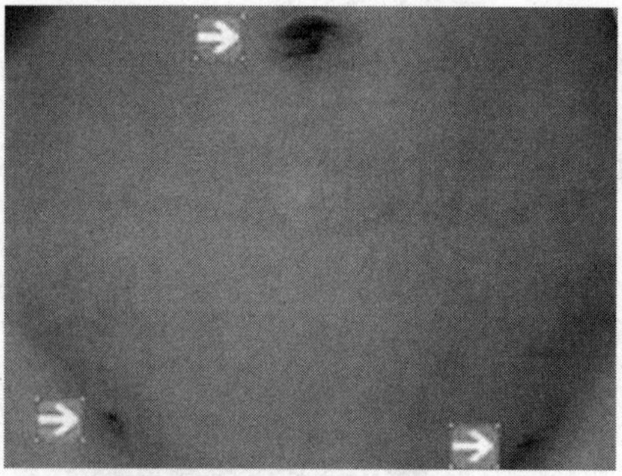

◆腹腔镜戳孔和手术切口是不同的

腹腔镜是一种带有微型摄像头的器械。腹腔镜手术就是利用腹腔镜及其相关器械进行的手术：使用冷光源提供照明，将腹腔镜镜头（直径为 3～10mm）插入腹腔内，运用数字摄像技术使腹腔镜镜头拍摄到的图像通过光导纤维传导至后级信号处理系统，并且实时显示在专用监视器上。然后医生通过监视器屏幕上所显示的患者器官不同角度的图像，对病人的病情进行分析判断，并且运用特殊的腹腔镜器械进行手术。腹腔镜手术多采用 2～4 孔操作法，其中一个开在人体的肚脐眼上，避免在病人腹腔部位留下长条状的伤疤，恢复后，仅在腹腔部位留有 1～3 个 0.5～1 厘米的线状疤痕，可以说是创面小，痛楚小的手术，因此也有人称之为“钥匙孔”手术。腹腔镜手术的开展，减轻了病人开刀的痛楚，同时使病人的恢复期缩短，并且相对降低了患者的支出费用，是近年来发展迅速的一个手术项目。

链接：冷光源提供照明

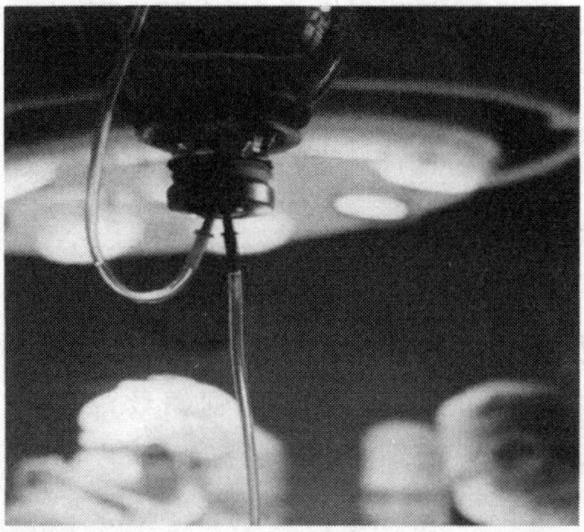
◆手术中的照明灯就是冷光源

腹腔镜使用冷光源提供照明，冷光源是通过化学能、生物能发光的光源。热光源是通过热能发光的光源。这个理解起来很简单，如日光灯就是冷光源，白炽灯就是热光源。冷光源的特点是把能量几乎全部转化为可见光了，其他波长的光很少，而热光源就不同，除了有可见光外还有大量的红外光，相当一部分能量转化为对照明没有贡献的红外光了。热光源加红外滤波片后出来的光应和冷光源发出的光差不多，因为已经滤掉了红外光。

腹腔镜的广泛应用

腹腔镜目前主要用于以下几类疾病的探查与治疗：

胆囊结石及胆道疾病：腹腔镜胆囊切除术是腹腔镜最广泛使用的一种手术，甚至可做胆道摄影或将总胆管结石取出。

急性腹痛及腹膜炎：腹腔镜的使用可避免不必要的剖腹探查，确立疾病的诊断，并将病变部位加以切除。

腹股沟疝气：腹腔镜疝气修补术对复发性疝气及双侧性疝气有很好的治疗效果，并可充分辨识疝气缺损部位及腹内器官。

妇科：卵巢囊肿、不孕、宫外孕、良性疾病的子宫次全切和全切除，85%以上的传统妇科手术均可由腹腔镜手术替代。

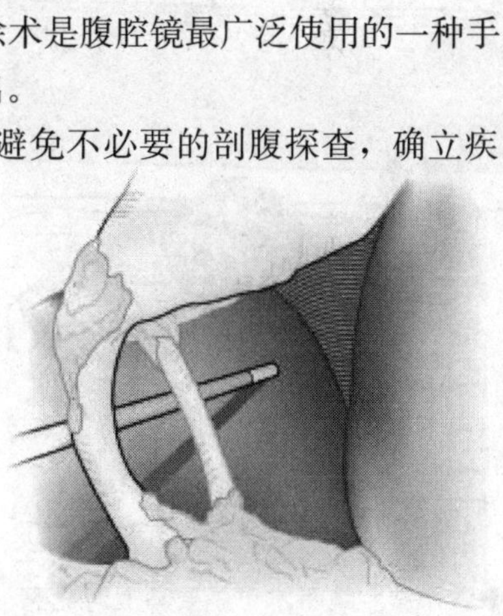
◆腹腔镜胆囊切除

除此之外，腹腔镜对胃肠道良性肿

瘤、恶性肠胃道肿瘤、腹部外伤等的治疗都有很大的帮助。

任何一种新技术、新方法都不会十全十美，也不可能适用于所有的情况。我们在充分肯定腹腔镜优越性的同时，还要清楚地认识到它的弱点和不足之处。对于一些病理复杂、严重粘连、解剖困难或心肺功能不全者，虽然也可以在腹腔镜下完成手术，但往往耗时费力，危险因素多，还是以开腹手术为宜。所以应充分认识到，腹腔镜不可能完全代替开腹手术。

万花筒

腹腔镜的优势

腹腔镜探查范围广，图像显示清晰，诊断治疗一体化，微创高效，在一定程度上代表了微创伤外科的兴起和发展，无疑具有时代的活力和广阔的前景。

小资料：做了腹腔镜手术有什么要注意的？

◆做了腹腔镜手术可不要马上游泳啊

病人：腹腔镜切除胆囊手术后多长时间可以游泳和洗澡？

医生：最好在一周以后，创口结痂以后。因为创口虽然小，但是通到腹腔内，过早接触水的话容易腹腔感染。即使结痂了，还是要避免擦掉。

病人：腹腔镜切除胆囊后的一段时间里对饮食有哪些要求？

医生：吃流食。之后少吃辛辣，尽量别喝酒。尽量不吃肥肉或者含脂肪高的食物。

病人：子宫肌瘤腹腔镜手术后要注意点什么？

医生：子宫肌瘤是由于子宫平滑肌组织增生而形成的良性肿瘤。肌瘤是人体常见的一种肿瘤，子宫肌瘤是女性生殖器官最常见的肿瘤。可以吃富含营养、易消化吸收的食物和含维生素丰富的食物。禁食：烟、酒；辛辣、煎炸及热性食物；海鲜发物，如海鱼、蟹、虾等。

腹腔镜的好伴侣

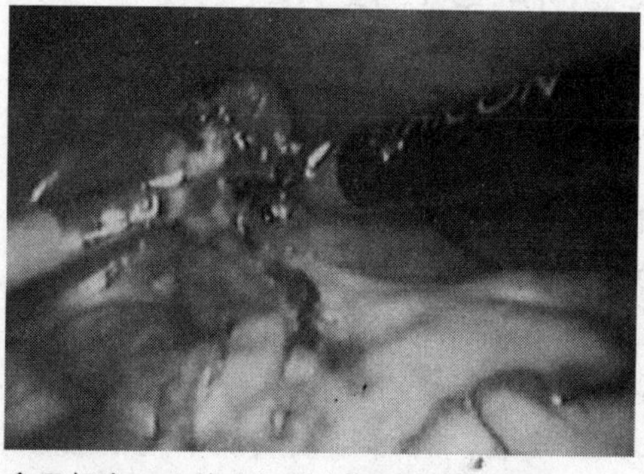

◆用超声刀直接来切除包括病灶的脾组织

高频电刀是一种取代机械手术刀进行组织切割的电外科器械，通过有效电极尖端产生的高频高压电流与肌体接触时对组织进行瞬时加热，实现对肌体组织的分离和凝固，从而起到切割和止血的目的。

超声刀是超声频率发生器使金属刀头以超声频率振荡，使组织内水汽化，蛋白质氢键断裂，细胞崩解，组织被切开或凝固。高频电刀与超声刀的刀头以及其他手术器械被现代科技微型化后通过小孔深入到了病人体内，使得医师在腹腔镜的指引下准确快速地切除病灶成为可能。

如果说腹腔镜是医师眼睛的延伸的话，那么高频电刀与超声（止血）刀是医师手的延伸。

拓展思考

1. 根据内窥镜的发展过程，谈谈创新思想的重要性。
2. 搜集一下资料，谈谈光纤技术在生产生活中有哪些应用？
3. 什么是腹腔镜，它是如何工作的？
4. 目前内窥镜发展到微型化，它的原理是什么？

让病变无所遁形
——核磁共振和 CT 技术

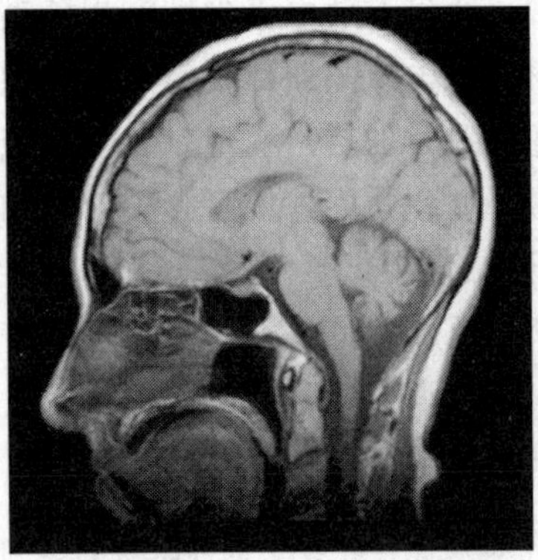

◆用磁共振成像术获得一个人头部的截面图像

X 射线和内窥镜让我们可以看到人体内部，但受到头骨保护的大脑仍然是未知的领域。在核磁共振和 CT 技术之前，医生只有通过开刀的方式了解大脑的活动。其中的疾病和缺陷往往在发现时已经无力回天。现在，利用核磁共振和 CT 技术，医生能看到任何一个层面的脑部截面，任何病变都无处遁形。左图为用磁共振成像术获得的一个人头部的截面图像。这里可以看出的一些细部是 X 射线成像显示不出来的，甚至于计算机纵向层面 X 射线扫描仪也看不出来。

诺贝尔奖与核磁共振

核磁共振现象被发现五十多年来，已经有多位著名科学家因从事核磁共振或与核磁共振有关的研究而获得诺贝尔奖。

美籍德国人斯特恩因发展分子束的方法和发现质子磁矩获得了 1943 年诺贝尔物理学奖。美籍奥地利人拉比因应用共振方法测定了原子核的磁矩和光谱的超精细结构获得了 1944 年诺贝尔物理学奖。美籍科学家珀塞尔和布洛赫首次观测到宏观物质核磁共振信号，他们两人为此获得了 1952 年诺贝尔物理学奖。瑞士科学家恩斯特，发明了傅立叶变换核磁共振分光法和二维、多维的核磁共振技术而获得 1991 年诺贝尔化学奖。瑞士核磁共振波谱学家库尔特·维特里希教授由于发明了利用核磁共振（NMR）技术测定溶液中生物大分子三维结构的方法，而分享了 2002 年诺贝尔化学奖。

◆1943 年诺贝尔物理学奖授予美籍德国物理学家斯特恩（左），1944 年诺贝尔物理学奖授予美国纽约州纽约市哥伦比亚大学的拉比（右）

◆1952 年美籍物理学家布洛赫获得诺贝尔物理学奖（左），瑞士化学家恩斯特获得 1991年诺贝尔化学奖（右）

◆瑞士核磁共振波谱学家库尔特·维特里希获得2002年诺贝尔化学奖（左），2003年美国科学家劳特博获得诺贝尔医学奖（右）

2003年诺贝尔生理学或医学奖授予美国的劳特博和英国的曼斯菲尔德，因为他们发明了磁共振成像技术（Magnetic Resonance Imaging, MRI）。该项技术使人们能够无损伤地从微观到宏观系统地探测生物活体的结构和功能，为医疗诊断和科学研究提供了非常便利的技术手段。

广角镜——磁和金属不能混合

◆在做核磁共振检查的时候，这些金属物件可一定要拿出来呀！

任何金属物质都可能会受到核磁共振影像强烈磁性的影响而被吸住，因此当您进行体检时，这些物件应该取出妥善保管。这些物件包括您的手表、硬币、钥匙、发夹、信用卡、小刀等等。您还应该确保把皮肤上的金属薄片或者银器合理地清除干净，包括那些因为在金属修整或磨制设备的环境中工作而造成的遗留于眼部或身上的金属碎片。

磁共振成像所获得的图像非常清晰精细，大大提高了医生的诊断效率，避免了剖胸或剖腹探查诊断的手术。由于MRI不使用对人体有害的X射线和易引起过敏反应的造影剂，因此对人体没有损害。MRI可对人体各部位多角度、多平面成像，其分辨率高，能更客观更具体地显示人体内的解剖组织及相邻关系，对病症能更好地进行定位定性。对全身各系统疾病的诊断，尤其是早期肿瘤的诊断有很大的价值。

磁共振成像的原理

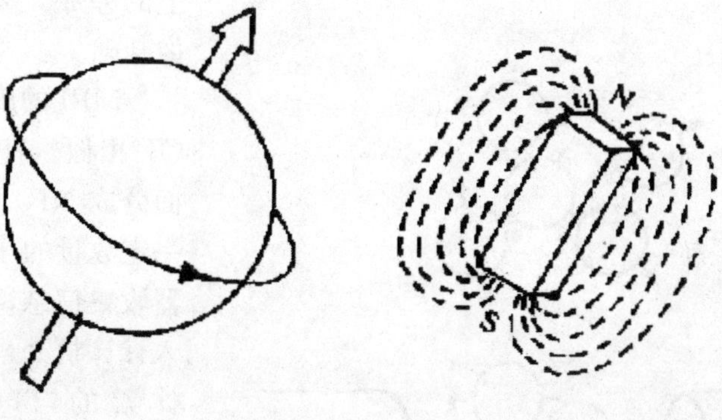

◆质子带正电荷，它们像地球一样在不停地绕轴旋转，并有自己的磁场

磁共振成像是利用原子核在磁场内共振所产生信号经重建成像的一种成像技术。例如人体内广泛存在的氢原子核，其质子有自旋运动，带正电，产生磁矩，有如一个小磁体。小磁体自旋轴的排列无一定规律。但如在均匀的强磁场中，则小磁体的自旋轴将按磁场磁力线的方向重新排列。在这种状态下，用特定频率的射频脉冲进行激发，作为小磁体的氢原子核吸收一定量的能量而产生共振，即发生了磁共振现象。停止发射射频脉

冲，则被激发的氢原子核把所吸收的能量逐步释放出来，其相位和能级都恢复到激发前的状态。

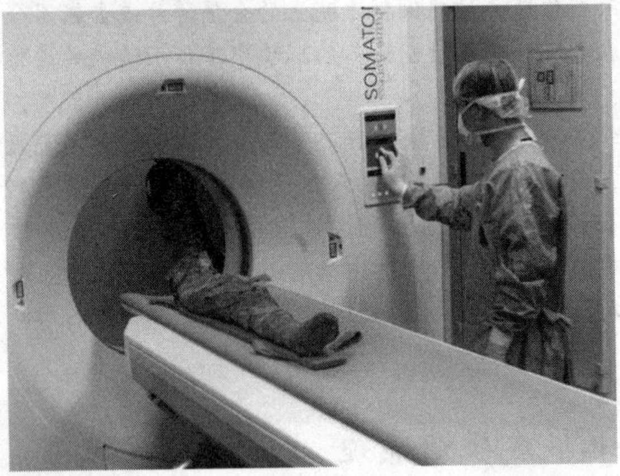

◆医生正把一具木乃伊人放进核磁共振成像仪器检查

恢复到原来平衡状态所需的时间则称之为弛豫时间。有两种弛豫时间，一种是自旋一晶格弛豫时间（T1）。另一种是自旋一自旋弛豫时间（T2）。人体不同器官的正常组织与病理组织的T1是相对固定的，而且它们之间有一定的差别，T2也是如此。这种组织间弛豫时间上的差别，是MRI的成像基础。

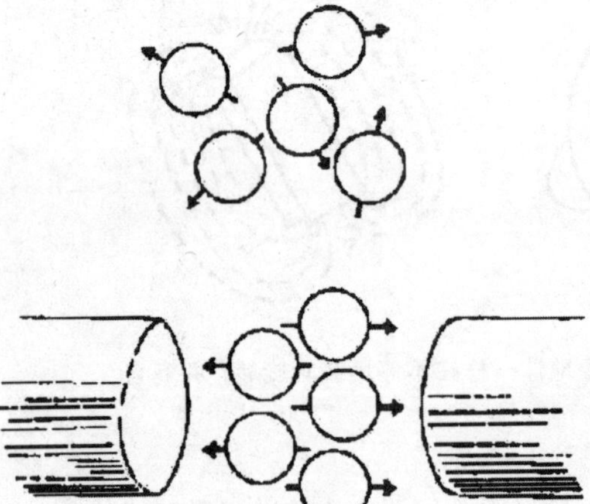
◆正常情况下，质子处于杂乱无章的排列状态。当把它们放入一个强外磁场中，就会发生改变。它们仅在平行或反平行于外磁场两个方向上排列

MRI的成像方法也与CT相似。有如把检查层面分成N1，N2，N3……一定数量的小体，用接收器收集信息，数字化后输入计算机处理，获得每个体素的T1值（或T2值），进行空间编码。用转换器将每个T值转为模拟灰度，而重建图像。

核磁共振成像技术为我们呈现出一种令人难以置信的景象。今天的核磁共振已用于检查包括大脑在内的几乎所有的人体器官。X射线、内窥镜还有核磁共振成像，这些威力无边的方法可以透视人体。这些偶然的意外发现永远地改变了医学的进

程。如今，身体隐疾终于得到了治疗。感谢那些人的灵感和洞察力，他们的发现和发明开创了医学的新局面。

万花筒

核磁共振的医学价值

核磁共振成像技术的特殊价值在于它提供了大脑和骨髓清晰的图像，因为包括脑部肿瘤在内的几乎所有大脑疾病都会导致大脑含水量的变化，这些可能在MRI图像中表现出来。

诊疗工具的奇葩——CT技术

◆美国物理学家科马克（左），英国工程师豪斯费尔德（右）

1972年，世界上第一台CT仪在英国的EMI公司问世。这是继伦琴发现X射线以来，在医学诊断领域的又一次重大的突破。CT（即电子计算机X射线断层造影术）出现以后的20多年来，经过了一代代技术革新，其分辨能力日益提高，成为当代医学诊断技术的一个重要标志。它的发明

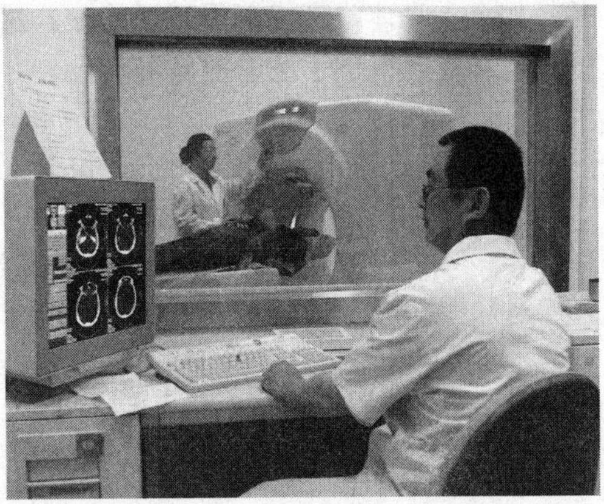
◆电子计算机在 CT 技术中起到了重要的作用

者是英国的工程师豪斯费尔德，他与创立影像重建理论的美国物理学家科马克共同获得了 1979 年的诺贝尔生理学或医学奖。

CT 采用很细的射线，围绕身体某一部位，从多个方向做横断层扫描，再用灵敏的探测器接收 X 射线，利用计算机计算出该层面各点的 X 射线吸收系数值，再用图像显示器用不同的灰度等级显示出来，从而为疾病诊断提供可以参考的重要依据。这些数字符号转化成了胶片图像，就是医生和病人都能看到的 CT 片。

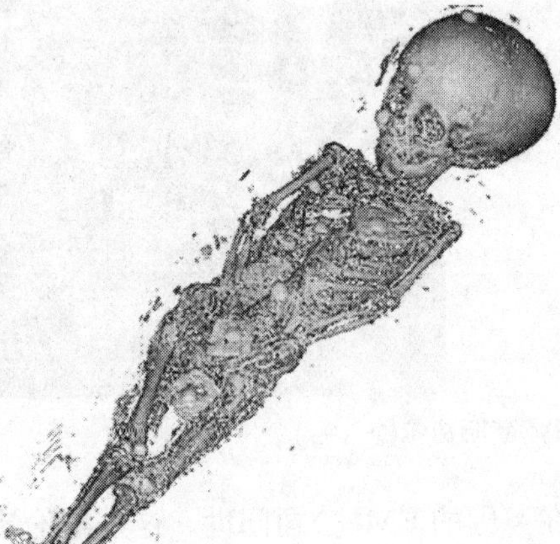
◆扫描得到的古埃及木乃伊图像

CT 检查方便，安全便捷。例如，脑部所有的组织均匀地被颅骨所覆盖，常规的 X 射线摄影不能显示其细节。CT 扫描首先用于脑部，对脑瘤的诊断与定位迅速准确；对脑出血、脑梗死、颅内出血、脑挫伤等疾病，是一种准确可靠的无损伤检查方法，几乎可以代替过去的脑血流图、血管造影等检查。它的灵敏度远远高于 X 线胶片。

2006 年，英国牛津市约翰·拉德克利夫医院迎来了一个需要接受 CT 扫描的离奇“病人”——具有 2000 年历史的木乃伊。由于这具木乃伊外面的绷带太过脆弱，如用手打开绷带，将会毁坏整具木乃伊。无奈之下，科学家们想出了对木乃伊进行CT扫描的主意。CT检查显示，木乃伊以前是一名4到7岁的小男孩。

这个发现让专家们感到振奋。在古代埃及，人们有时会在处理尸体过程中出现问题，结果只有把猫、狗、鹭鸟之类的动物顶替死者制成木乃伊，以安抚悲伤的死者家属。CT图像还显示，木乃伊肺部填充了大量整齐的硬布料，专家据此推断，他可能正是死于肺病。这具木乃伊全身包裹着亚麻布，表面还有镀金装饰。四个搭扣分别在脸部、心脏上方、胃部和生殖器处固定住缠在身上的绷带。

拓展思考

1. CT成像技术与X成像有哪些不同和相同之处?
2. 分析一下各种影像技术的优劣性及其对医学发展的影响。
3. 为什么做核磁共振的时候不能带有金属物质?
4. 结合1979年的诺贝尔医学奖谈谈CT成像是如何工作的?

让人感觉丧失——麻醉

麻醉药是指能使整个机体或机体局部暂时、可逆性失去知觉及痛觉的药物。根据其作用范围可分为全身麻醉药及局部麻醉药，根据其作用特点和给药方式不同，又可分为吸入麻醉药和静脉麻醉药。现在麻醉药是外科手术中的常客，它为病人解除了痛苦，甚至解救了他们的生命。在庆幸我们生活在这一医疗发达社会的同时，让我们来回顾一下麻醉的发现和发展吧。

痛苦的探索之路

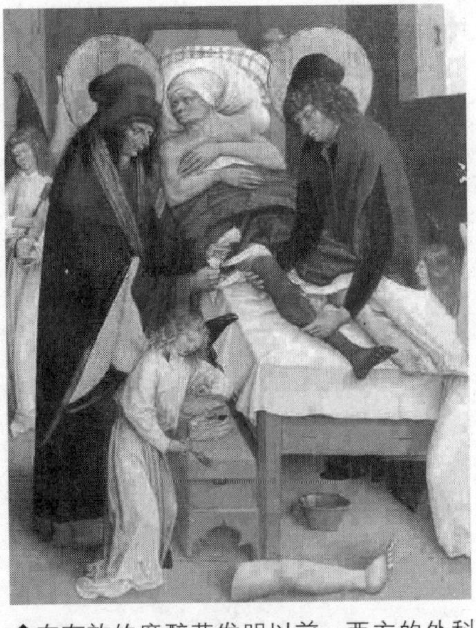

◆在有效的麻醉药发明以前，西方的外科手术只能向快速方向发展，曾经有一位战地医生仅用几十秒便锯下了一条腿

在麻醉药发明以前，外科手术治疗最大的障碍就是难忍的疼痛。虽然许多国家（如中国，印度，巴比伦，希腊等）在古代即积累了麻醉法的经验，主要是应用植物性麻醉药（曼陀罗花、鸦片、印度大麻叶等）、饮酒、放血等方法使病人丧失神志，甚至还用棍棒来击打病人头部造成其昏迷的“麻醉”方法，也有手术时在手术部位擦酒精，靠酒精的吸热作用减缓疼痛感，但这些方法都不能使人满意。由于手术中病人十分痛苦，休克极多，迫使手术向快速方向发展。俄国外科医生皮罗果夫可以三分钟锯断大腿，半分钟切去乳房。法国名医让·多

米尼克·拉里 24 小时内为 200 个病人做完了截肢手术。病人的痛苦可想而知。

19 世纪以来，手术治疗的客观需求日益增长，对麻醉的要求也更加迫切，同时化学的发展为麻醉的探索和研究提供了有利的条件。英国化学家汉弗莱·戴维在 1799 年自己吸入氧化亚氮（笑气）后，发现其炎症部位的疼痛有所缓解，因而他断定："氧化亚氮产生的麻醉作用，可以用于出血不多的手术"。可是他的这一发现长期以来并未引起人们的重视。直到 1893 年，化学家斯考芬证实吸入大量笑气可使人呈醉态，甚至失去知觉，使用麻醉剂的时代才真正开始了。

◆发现氧化亚氮（笑气）的麻醉作用的英国化学家汉弗莱·戴维

1818 年，著名科学家法拉第在著作中曾指出"乙醚有致人昏迷的作用，其效应与氧化亚氮很相似"。医生们从中受到启发。1842 年，美国罗彻斯特的一个名叫威廉·克拉克的学化学的学生，给一个需要拔牙的妇女施用了乙醚，使她在拔牙时免受痛苦。1846 年 10 月 16 日，美国马萨诸塞州总医院的威廉·莫顿用乙醚麻醉，从一个病人的脖子上割下一个肿瘤，仅历时 8 分钟，这一病例首次证明了在进行大手术时，能用乙醚来进行全身麻醉。这次手术成功的消息在美国迅速传开，而后又传遍了全世界。各国相继采用乙醚麻醉进行手术，结束了病人必须强忍剧痛接受手术的时代。中国和俄国都是在莫顿成功的次年即开始采用乙醚麻醉的国家。

历史典故

氯仿麻醉的发明

为了寻找更满意的麻醉药，苏格兰伊甸巴拉大学妇产科医师辛普森做了很多努力。1847年他将氯仿应用于产妇分娩，获得了满意的效果。辛普森将结果报告了伊甸巴拉的内外科学会，但是教会人士仍然激烈反对无痛分娩。直到1853年当维多利亚女王分娩时，斯莫应用氯仿为她缓解痛苦获得良好效果后，才肯定了氯仿的麻醉止痛作用。这种麻醉法比乙醚麻醉更加有效，所有医院都争相采用这种方式。

链接：植物中的麻醉品

◆罂粟花朵大量产于南亚地区，从其果实中可以提取出制成鸦片和吗啡的物质

◆曼陀罗花——古代小说中神奇的蒙汗药就是这种植物的提取物制成的

全身麻醉和局部麻醉

乙醚麻醉和氯仿麻醉的成功，似乎使人们忘记了氧化亚氮的麻醉作用，但仍有许多科学家在探索和尝试着使用氧化亚氮进行麻醉的最佳方法。1868年，外科医师安德鲁斯在吸入氧化亚氮时加入20%的氧，从而使

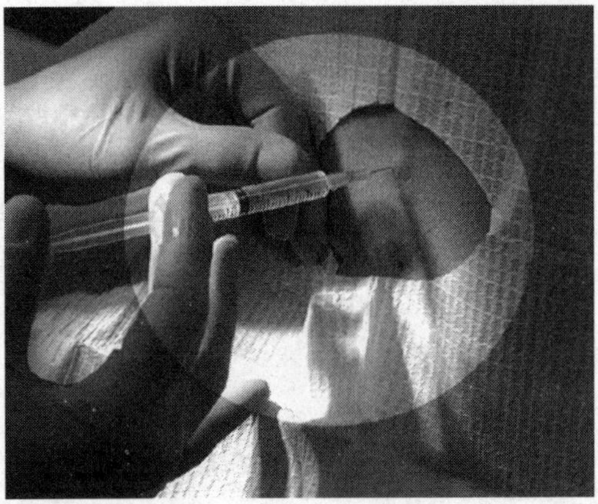

◆局部麻醉

氧化亚氮的安全性显著提高。迄今氧化亚氮仍被人们广泛使用作为吸入麻醉剂，氧化亚氮麻醉时必须同时结合氧吸入，已作为执行氧化亚氮麻醉的重要原则之一。

1884 年，法国眼科医生科勒将可卡因滴入病人眼中，获得角膜和结膜完善的局部麻醉，从而揭开了局部麻醉的新篇章。1885 年，美国外科学家霍尔斯特德提出了将可卡因注射于神经干部位的神经阻滞概念。1892 年，德国医师施莱斯于皮下注射可卡因而获得该注射部位的局部麻醉作用，成为局部浸润麻醉的开端。然而由于可卡因的毒性过于剧烈，注射应用很不安全。1902 年，作为改进措施，用毒性较小的奴佛卡因来取代可卡因，局部浸润和神经阻滞的局部麻醉方法才真正展现其实用价值。

1874 年，奥尔应用静脉注射水合醛进行麻醉。这种麻醉方法虽然效果不佳，但毕竟是静脉全身麻醉的开端。1902 年，德国生物化学家菲舍尔实现了罗那（巴比妥酸剂）的合成，开始推行静脉麻醉法。1930 年以后还研制出了安米妥、戊巴比妥钠以及戊硫巴比妥等静脉麻醉药物。

20 世纪以后又出现了电子麻醉法，如美国口腔疾病治疗领域用低压电流阻止疼痛信号进入大脑。此外还有针刺麻醉、冷冻麻醉等。

各种化学麻醉剂的发明和麻醉法的改进，使得外科手术逐渐变得安全，麻醉范围广泛，技术也更为精细。麻醉术的进步促进了外科学的发展，麻醉学也已成为现代医学中一个成熟的专业。

万花筒

骨髓麻醉法

1899年，创立了骨髓麻醉法。这种方法把麻醉药注射到骨髓的硬脊膜上，那里有通向手术区的神经，从而可以使手术区被麻醉得既彻底，又不波及其他部位。这种方法特别适用于产妇分娩。

实验——利用乙醚做实验

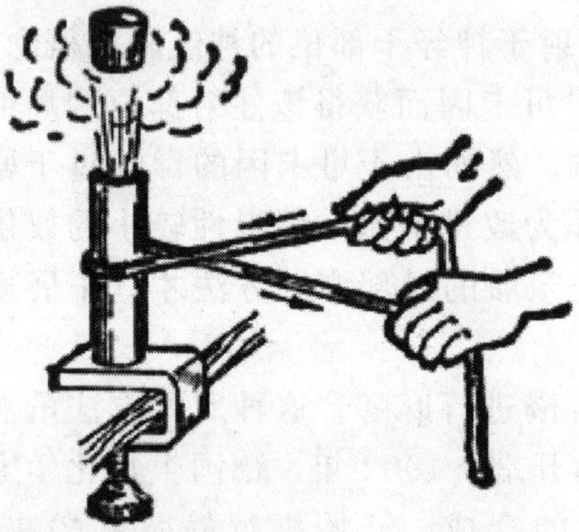

◆利用乙醚做实验

将仪器装好，倒入少量乙醚，恰当地塞紧橡皮塞。把皮绳在靠近管的下部处缠绕一圈，迅速地来回拉动皮绳，观察现象。

注意点：乙醚是麻醉剂，能使人头晕恶心，要加强通风。

通过观察克服摩擦做功能使乙醚沸腾的现象，证实用做功的办法可以改变物体的热能。

糖尿病患者的福音
——胰岛素

糖尿病，是一种历史悠久的富贵病。它折磨着糖尿病患者的肉体和灵魂。直到胰岛素的出现，彻底给糖尿病患者带来了提高生活质量的希望。因此，每年的11月4日为“世界糖尿病日”，这一日子的确定，以纪念诺贝尔桂冠得主班丁医师对胰岛素发明及应用做出的里程碑式的贡献。下面，我们一同回顾一下这一重大发明！

◆11月4日为“世界糖尿病日”

广泛使用的胰岛素发明

◆1923年，班丁和麦克劳德因发现胰岛素和使用胰岛素治疗糖尿病而荣获了诺贝尔生理学或医学奖

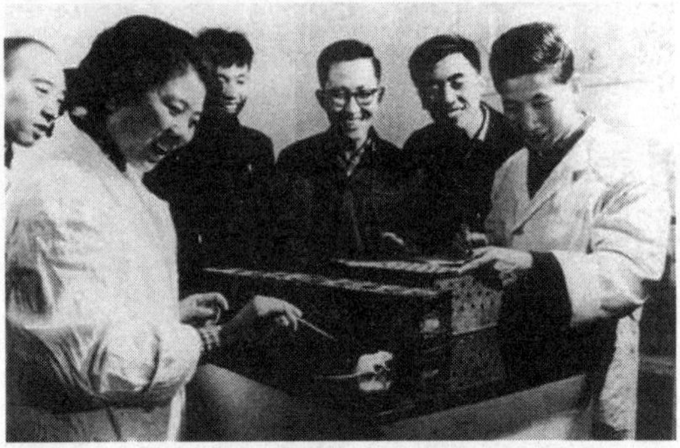

◆1965 年 8 月 3 日，我国首次人工合成结晶牛胰岛素

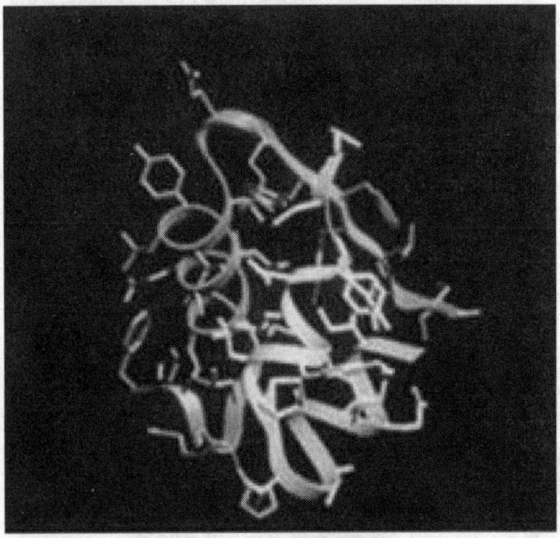

◆我国合成的牛胰岛素的结构图

1921 年的夏天，一位年轻的外科医生班丁与一位刚出校门的助理贝斯特在多伦多大学生理学教授麦克劳德的实验室从事研究。他俩发现胰脏的萃取液可以降低糖尿病狗的高血糖，以及改善其他的糖尿病症状。接下来的 1 年内，多伦多大学的研究团队开发出初步纯化胰脏萃取物的方法，并进行临床试验。他们将其中的有效物质定名为胰岛素。

为了解决产量与杂质的问题，他们与美国的礼来药厂合作，成功地从屠宰场取得的动物胰脏中，分离出足以供给全球糖尿病患者使用的胰岛素。在不到两年的时间内，胰岛素已在世界各地的医院使用，取得空前的成效。1923 年 10 月，瑞典的卡洛琳研究院决定将该年的诺贝尔生理学或医学奖颁给班丁及麦克劳德两人。班丁得知消息后，马上宣布将自己的奖金与贝斯特平分；稍晚，麦克劳德也宣布将奖金与另一位参与研究的生化学者柯利普共享。

1965 年 9 月 17 日，中国科学院生物化学研究所等单位经过 6 年多的艰苦工作，第一次用人工方法合成了一种具有生物活力的蛋白质——结晶牛胰岛素。在合成的胰岛素结晶领域，中国处于世界领先地位。

讲解——糖尿病的病因

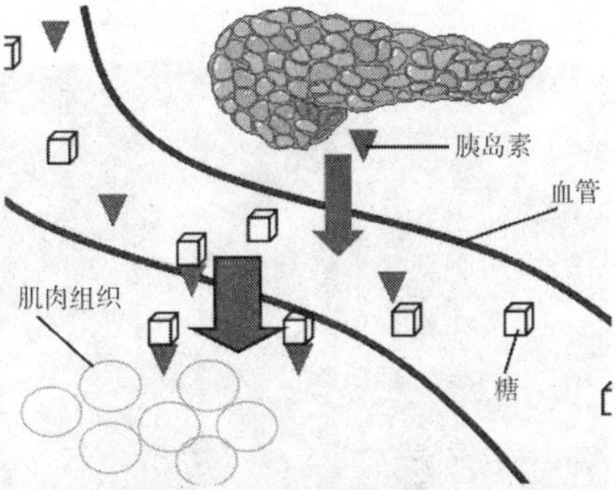

◆胰岛素作用机制示意图

糖尿病是历史悠久的人类疾病之一，表现为身体不能利用最重要的能量——葡萄糖，以致有大量的葡萄糖堆积在血液里，造成血管病变及病菌滋生；同时过多的葡萄糖从尿液中流失，带走大量水分，造成病人又饥又渴。就算吃喝不断，患者仍然不断消瘦（蛋白质及脂肪都被分解用来制造更多的葡萄糖），增加饮食只会使情况变得更糟，因此中医称此疾为“消渴症”。在长期“饥饿”的折磨下，身体组织开始利用酮体，大量由脂肪及氨基酸生成的酮体带有酸性，而造成患者酸中毒。

想一想——糖尿病患者应怎样吃水果？

必须肯定，水果中含糖，所以糖尿病人必须是在血糖控制良好后才能吃水果，含葡萄糖较多的葡萄、香蕉、荔枝、枣、红果等不要吃，可以吃梨、桃、草莓、柚子等，每天可吃1～2个水果。水果可作为加餐吃或餐前吃。如果能在吃水果前及吃水果后两小时测一下血糖或尿糖，对了解自己能不能吃此种水果，吃得是不是过量很有帮助。

◆糖尿病患者吃水果需要慎重

糖尿病的治疗

◆口服降糖药分为胰岛素促泌剂、胰岛素增敏剂、α—葡萄糖苷酶抑制剂等，其降糖特点和不良反应有明显差异，具体使用方法必须接受医生的严格指导

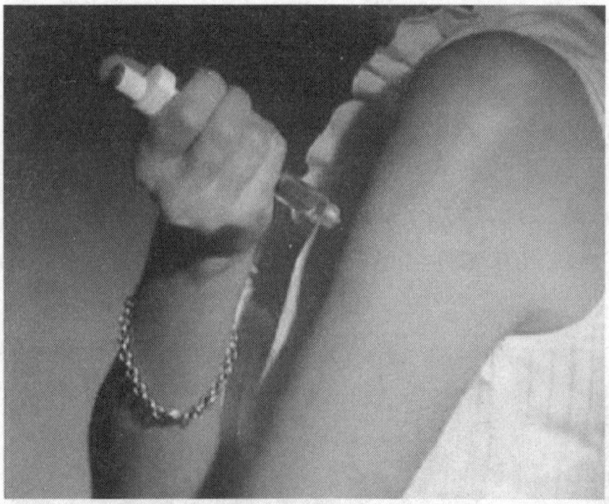

◆皮下注射胰岛素

糖尿病的治疗依赖于五驾马车，那就是健康教育、血糖监测、饮食调整、运动以及药物疗法。无论何种类型，也不管男女老少、国家和民族，糖尿病患者都必须注重五驾马车并驾齐驱。治疗糖尿病的药物琳琅满目，但总的来说只有两类，一类是口服降糖药，一类是胰岛素。胰岛素是治疗糖尿病最为有效的制剂，Ⅰ型糖尿病和妊娠糖尿病必须使用这类药物。对Ⅱ型糖尿病而言，20%的患者可以通过饮食调整和运动疗法良好地控制血糖，如果上述方法效果欠佳，则需使用口服降糖药物，一旦病人出现急性并发症或严重慢性并发症，则需要采用胰岛素治疗。

下面我们来简单地了解一下皮下注射胰岛素的方法。胰岛素皮下注射是最常见的使用方法，将预先混合好的胰岛素混合制剂吸入针筒，然后用酒精棉清洁注射部位。用拇指和食指将注射部位皮肤撑起，另一只手像握铅笔的方式那样以针筒与皮肤呈 45 至 90 度角的方向快速插入。将针筒推杆直接往下推到底，使胰岛素注入皮下，这个过程应不超过 4～5 秒钟。注射完毕后移开针筒，如果稍微出血，则用手轻按注射部位几秒钟。

随着科技的发展，将注射器和混合胰岛素装配在一起，制造出了方便病人使用的胰岛素注射笔。胰岛素注射笔拥有各种各样的造型。目前，为了方便给药，吸入型胰岛素正在研制开发中。

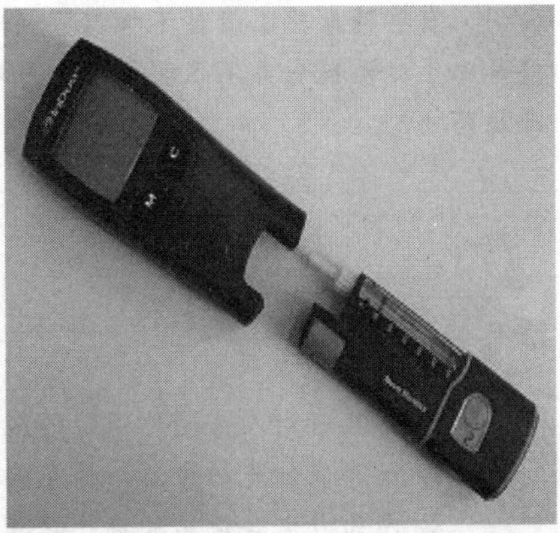
◆胰岛素注射笔给糖尿病患者带来了方便

链接：吃甜食与糖尿病

糖尿病患者误认为保健食品不含糖，可以无限制地食用。其实保健食品尽管不含葡萄糖和蔗糖，但吃多了一样升高血糖。如“无糖糕点”虽没有加入蔗糖，并且富含膳食纤维等成分，但它本身也是用粮食做的，其主要成分是淀粉，经过消化分解后淀粉会变成大量的葡萄糖，与我们日常生活中食用馒头、米饭所吸收的糖分、热量没有分别。还有“无糖奶粉”，牛奶中本身就含有乳糖，乳糖经消化后同样可以分解成葡萄糖和半乳糖。所以“无糖食品”并不可以无限量地

◆“无糖食品”并不可以无限量地食用

食用。有些糖尿病患者在不加以节制地食用“无糖食品”后，出现血糖上升，主要是由于对无糖食品不了解所致。另外，无糖食品没有任何治疗功效，不可取代降糖药物。

拓展思考

1. 胰岛素对人体的作用是什么？它是由什么器官分泌出来的？
2. 对于保健无糖食品，糖尿病患者能随意吃吗？
3. 人为什么会得糖尿病？它有什么主要的特征？
4. 糖尿病患者为什么不能随便吃水果？

先除后患再手术
——消毒技术

外科手术中一定要采取严格的消毒和灭菌措施，这是19世纪末才确立的。19世纪以前，外科医生做手术既不麻醉也不消毒。可想而知，患者在术中遭受了多大的痛苦与折磨，甚至会在手术中和术后因细菌感染导致并发症而危及生命。为减轻患者疼痛，当时医生们做手术非常注意速度，如大腿截肢术或膀胱结石术只需两三分钟就完成了。速度快了，手术难免粗糙，留下后患。

消毒剂的发明故事

◆英国外科医生约瑟夫·利斯特

约瑟夫·利斯特1827年出生于英国一个教授之家，从小就立志做一名外科医生。在伦敦上大学时，他看到许多病人虽然手术成功，但伤口不易愈合并常有病人死亡，利斯特下决心一定要找出原因。毕业后，他陆续在几家大医院行医，留心观察病人伤口愈合情况，他发现那些虽然骨头断裂而皮肤完整的病人一般都能痊愈，病人死亡一般是在伤口腐烂后发生的。他估计这一定是来自空气的污染。1865年，在得知法国科学家路易斯·巴斯德的成果之后，他认为灭菌可能是解决问题的关键。在利斯特提倡采用消毒法之前，病人接受外科手术是极其冒险的事，经常发生病人因手术伤口感染而死亡的情况。利斯特深信，保护伤口不使细菌侵入，将大大有益于伤口的愈合。

利斯特决定用石炭酸试试。石炭酸是煤焦油的产品，几年前才由曼彻斯特一位化学家提炼出来，有特殊的气味，用作防腐剂。当时有一名 11 岁男孩被马车压伤了腿，利斯特为他动手术。他用石炭酸洗手，洗器械，喷空气和伤口，用浸过石炭酸的纱布敷伤口。病人很快痊愈了。利斯特的实践证明了灭菌的重要意义。灭菌法很快得到了广泛的应用。后来，利斯特发现石炭酸酸性太强，易灼伤病人的肌肤，他发现用高温也可以杀菌。于是他在沸水或火焰上对医疗器械进行消毒。

◆用于手术中消毒的石炭酸喷雾器

讲解——酒精棉球的作用

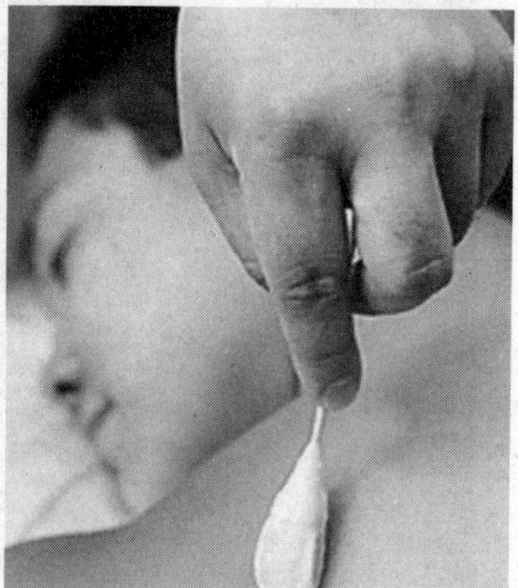
◆用酒精消一下毒

医生在给病人注射药液之前，总要用浸透酒精的药棉在病人的皮肤上擦几下，这是为了杀菌消毒。酒精是一种有机化合物，学名叫乙醇。酒精分子具有很强的渗透能力，它能穿过细菌表面的膜，打入细菌的内部，使得构成细菌生命基础的蛋白质凝固，将细菌杀死。人们经过反复的试验，得知浓度为 75％的酒精杀菌力最强，所以医用消毒酒精一般都是含 75％的纯酒精和 25％的水。

多样的消毒方法

此后，世界上许多医学科学家研究出用于手术器械、衣物、敷料、手术室、手术医护人员洗手、病人皮肤消毒的多种灭菌方法。如加热、化学消毒剂、紫外线照射、伽马射线照射、超声波灭菌法等等。

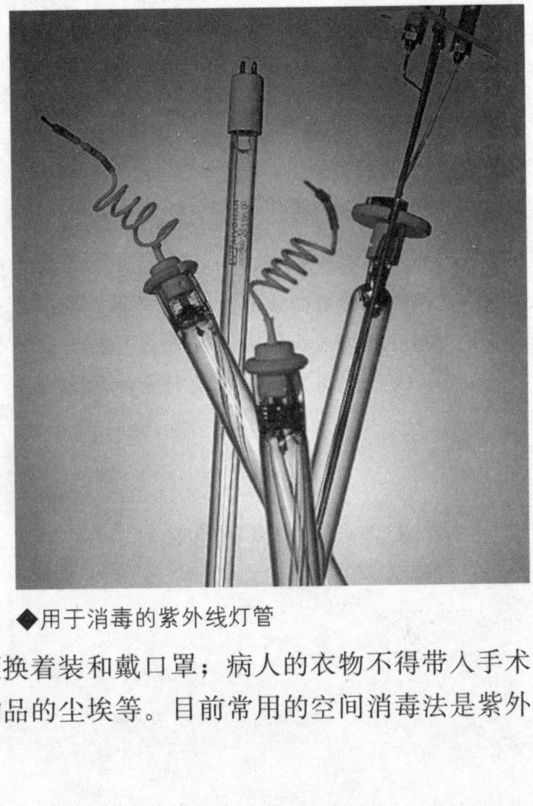

◆用于消毒的紫外线灯管

【紫外线照射】

手术室空间存在飞沫和尘埃，常有致病菌。为了预防手术创面受沾染，必须尽可能净化手术室空间。为此一般所采取的措施是尽量限制进入手术室的人员数；手术室的工作人员必须按规定更换着装和戴口罩；病人的衣物不得带入手术室；用湿法清除室内墙地和物品的尘埃等。目前常用的空间消毒法是紫外线照射。

【高温高压消毒】

高温高压灭菌法是利用高压释放的潜热进行灭菌，为目前可靠而有效的灭菌方法。其原理是将蒸汽导入密闭蒸汽锅内，在高温高压下维持30分钟即能把所有微生物，包括具有顽强抵抗力的细菌杀死，从而达到灭菌目的。

灭菌法诞生以后，外科手术的范围变得十分广阔，从摘除白内障到心脏移植，不仅挽救了许多生命，病人的痛苦也大为减轻。

知识窗

消毒液浸泡灭菌法

将被消毒物品完全淹没浸泡在消毒液中，浸泡时间长短根据物品和消毒液的性质、浓度来决定。如用70%的酒精浸泡剪刀等器械。

拓展思考

1. 通过查找资料谈一谈什么是石炭酸，它有什么特性？
2. 目前常用的消毒方法有哪些，原理是什么？
3. 用酒精消毒的成分是什么？为什么？你会自己配置消毒液吗？
4. 谈一谈消毒技术对外科手术的影响。

与“原件”媲美——人造器官

人造器官是20世纪医学发展史中重要的里程碑之一。随着现代科技的发展，人造器官在医学治疗方面得到了广泛的应用，取得了令人满意的治疗效果。目前，全身包括各种关节、心脏、肾、肝脏等很多器官都可以进行人工器官置换。它们的发明，给处于疾病困扰的病人带来了新的希望。

人工关节置换术

髋关节指的是骨盆和大腿骨之间的那个关节，是人体最吃重的关节。一旦关节之间的那层软骨被磨光了，关节头就直接接触关节面，患者便会疼痛难忍，严重时根本无法走路，严重影响了患者的生活质量。人类很早就搞清了关节的构造，但是要想置换一个全新的人造关节，尤其是髋关节这种吃重很大的关节，却不是一件容易的事情。

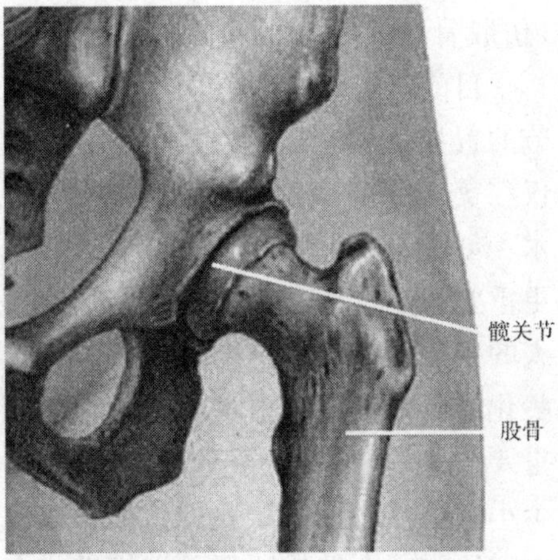

◆髋关节是球窝关节，股骨头嵌入骨盆的关节窝内

1960年，英国外科医生查恩雷在兰开夏郡一家医院里首次为病人替换损伤的髋关节。他在三个方面改良了原来的设计。首先，他采用了一种新型材料——特富龙，也就是不粘锅采用的表面涂料。其次，他改良了原来的固定方式。过去医生们都用螺丝钉来固定人工关节，查恩雷却改用丙烯酸骨水泥。这种类似水泥的物质把关节的受力均匀分配到了整个骨头中，使得关节固定的强度比螺丝钉方式增大了

◆英国外科医生查恩雷

200 倍。第三，他修改了人工髋关节的参数。以前的医生们都是按照人体本身的关节大小来设计人造关节，但查恩雷不信邪，他通过计算发现，新材料改变了关节的特性，必须减少关节的大小才能使它更加牢固。于是他把关节头和关节面的大小减少了，效果比原来强了很多。经过多年的探索和改进，目前广泛使用的人造髋关节绝大多数是聚乙烯塑料和由钴铬钼合金的头（仿股骨头）、钴镍铬钼合金的杆（仿股骨颈）组成的金属杆。

目前，起码在西方国家，髋关节的置换手术已经是常规手术了，仅在美国每年就有 30 万人接受手术，创造了 20 亿美元的市场价值。更重要的是，这项手术提高了无数人的生活质量，在这个人口日益老龄化的今天，这项手术的价值尤其重要。这一切都源自 50 年前的那个小个子外科医生聪明的大脑。查恩雷证明了人类的智慧可以媲美大自然的创造。

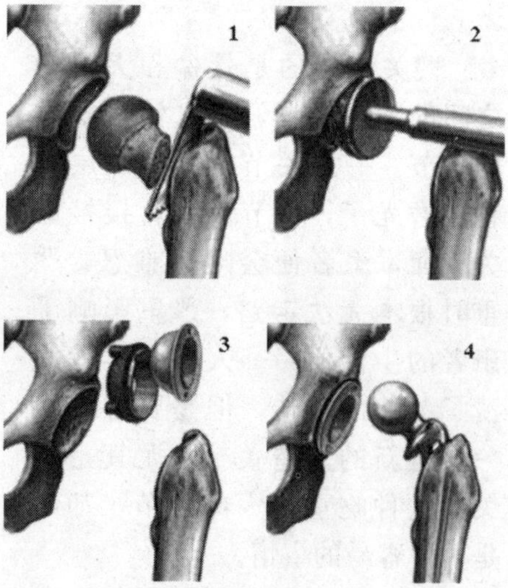

◆髋关节置换技术的程序：

1. 首先要切除股骨头和一层髋关节窝；
2. 其次将金属股骨头和金属杆插入股骨，将塑料关节窝植入扩大的骨盆关节窝；
3. 将人工关节固定好，将骨头附近的肌肉和肌腱复位；
4. 最后关闭切口。

尿毒症的福音——人工肾

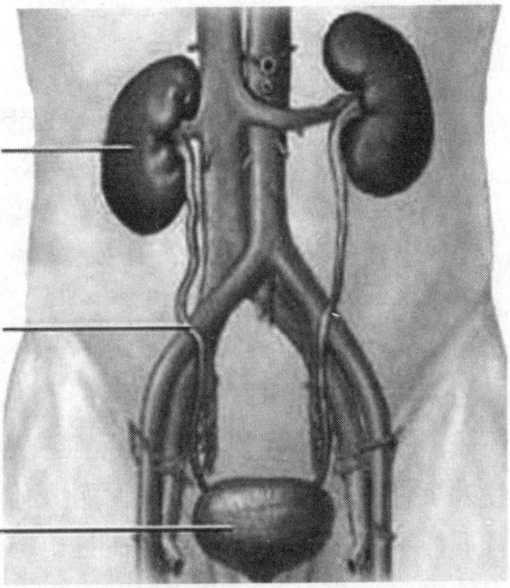

◆肾脏所处的位置

肾脏的主要功能为：一是“排毒”，将体内垃圾废物清除体外；二是分泌活性物质为机体所用，对维持人体正常的生理功能具有重要意义。作为人体重要脏器，肾脏十分娇嫩，很多因素都会诱发肾脏疾病，因此做好肾脏疾病的预防及治疗非常重要。

尿毒症是肾功能衰竭晚期所发生的一系列症状的总称。慢性肾功能衰竭症状主要体现为有害物质积累引起的中毒和肾脏激素减少发生的贫血。常规药物疗法并不能有效清除大量毒素。这时，就需要用人工透析来清除毒素和过多的水。人工透析又称人工肾。1913 年，英国的阿黛尔用硝棉胶膜作为透析膜，生理盐水作为透析液为肾病患者进行透析。这就是人工肾的前驱研究。1943 年，荷兰医生科尔夫制成了第一个人工肾，首次以机器代替人体的重要器官。病人的血液流过过滤器，血液内的尿素等代谢废物通过胶膜渗滤到透析液中。它可以代替人体肾脏的功能，让损坏的肾脏得到康复。

◆人工肾的发明者荷兰医生科尔夫

到了 1960 年，美国外科医生斯克里布纳发明了一种塑料连接器，可以永久装进病人前臂，连接动脉和静脉，与人工肾非常容易连接，并且不会损伤血管，这样就能够为病人长期进行血液透析治疗。

万花筒

血液透析

血液透析是一种较安全、易行、应用广泛的血液净化方法。血液和透析液在透析器（人工肾）内借助半透膜接触和浓度梯度进行物质交换，使血液中的代谢废物和过多的电解质向透析液移动，透析液中的钙离子、碱基等向血液中移动。

人工肾的发明，挽救和延长了许多肾脏病患者的生命。目前的人工肾还只能在人体外代替肾脏进行血液透析，需从病人动脉将血液引流出来，经人工肾透析后再从静脉输回病人体内。今后人工肾的发展方向应像机体肾那样不但具有透析功能，而且也应具有过滤和再吸收功能，并能够埋植于体内。

小资料：保护好您的肾

◆预防肾病，饮食一定要合理

肾脏是身体的一个重要器官，我们要爱护好自己的肾。对没有肾病的人群，要做好预防，具体预防措施有：平衡膳食，减少盐的摄入，饮食宜清淡；适当多饮水、不憋尿；戒烟，饮酒要适量；有计划坚持每天体力活动和体育锻炼；避免滥用药物，多种药物均可导致肾脏损害；每年定期检查尿常规和肾功能。

身体的发动机——人工心脏

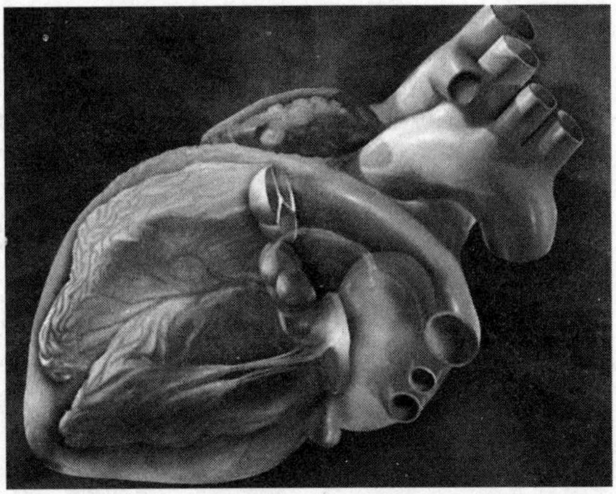
◆心脏就像汽车的发电机一样重要

人的心脏如本人的拳头大小，外型像桃子，位于横膈之上，两肺间而偏左。心脏主要由心肌构成，有左心房、左心室、右心房、右心室四个腔。左右心房之间和左右心室之间均由间隔隔开，故互不相通，心房与心室之间有瓣膜，这些瓣膜使血液只能由心房流入心室，而不能倒流。心脏是循环系统中的动力。它的作用是推动血液流动，向器官、组织提供充足的血流量，以供应氧和各种营养物质，并带走代谢的终产物（如二氧化碳、尿素和尿酸等），使细胞维持正常的代谢和功能。

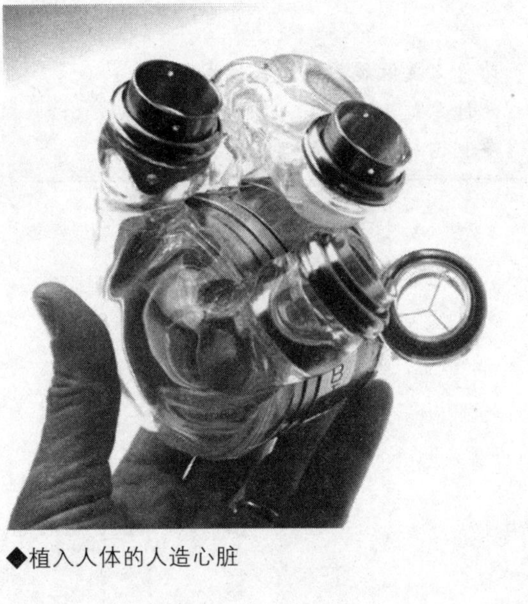
◆植入人体的人造心脏

人工心脏是在解剖学、生理学上代替人体因重症丧失功能而不可修复的自然心脏的一种人工脏器。它是利用机械的方法把血液输送到全身各器官以代替心脏的功能。

这种型号为JARVIK－7的装置是世界上第一个试图永久性植入人体的人工心脏。它在1982年12月2日被美国杜布利兹医生植入病人体内后，使病人存活了112天。这种人工心脏的最大缺点是需要由体外装置提供动力的能源。

20世纪30年代，在美国从事研究工作的法国医学家，曾因发明输血治疗法、首次完成器官移植和血管缝合术、发现滋养术等成就而荣获1912年诺贝尔医学和生理学奖的阿历山大·卡雷尔，与他的美国助手林德伯格共同研制出世界上第一个人工心脏。这是一种暂时的辅助性人工心脏，实际上是一种体外循环机。卡雷尔和林德伯格还是世界上第一个人工肺——“铁肺”的发明人。他们曾将铁肺植入病人体内，病人竟奇迹般地活了下来。

人工心脏已可以在许多医院中看到，并得到大量使用。但完全人工心脏仍在研究阶段，使用起来有很多不便之处。

人类的心脏是具有精确控制作用的精致器官，它的生理机能目前还不完全清楚。未来的人工心脏将驱动装置小型化并埋入人体，使用者无不适感觉并可自由活动，要达到这一步还需克服许多困难。

拓展思考

1. 髋关节的结构是怎样的？为什么要做髋关节的置换术？
2. 什么是肾透析？它的原理是什么？
3. 心脏有什么作用？为什么要制造人工心脏？

乐享信息社会

——电子科技发明

硅片革命
——集成电路

集成电路是电子产品的“大脑”，可以记忆和运算，完成各种信息处理。而集成电路的来源，就是沙。人们从沙中提炼出硅，再经硅棒、晶圆、芯片等不同形态，经过氧化、光刻、刻蚀与掺杂等工艺，最后封装成为集成电路。目前，在一个比指甲盖还小的硅晶片上，已经可以集成10亿个以上的电子元器件，远远超过世界上第一个集成电路诞生时的5个元器件的数量。

微电子技术的核心

◆电子手表内的集成电路

集成电路技术是微电子技术的核心。它采用一定的工艺，把一个电路中所需的晶体管、二极管、电阻、电容和电感等元件及布线互连在一起，制作在一小块或几小块半导体晶片或介质基片上，然后封装在一个管壳内，成为具有所需电路功能的微型结构；其中所有元件在结构上已组成一个整体，这样，整个电路的体积大大缩小，且引出线和焊接点的数目也大为减少，从而使电子元件向着微小型化、低功耗和高可靠性方面迈进了一大步。

用集成电路来装配电子设备，其装配密度比晶体管要高出几十倍至几千倍，设备的稳定工作时间也可大大提高。

集成电路的主要特征是电子器件和电路的微小型化，适于大规模生产，成本低而可靠性高。随着超精微加工技术的提高，集成度已超过每个芯片含数千万个元件。现在，在我们日常生活中，芯片随处可见。集成电路的制造尺寸，必须以微米甚至纳米来计量。1 微米是 1 毫米的千分之一。头发丝的直径为 70 至 100 微米，细菌大小约 1 到 2 微米。而在微电子技术中，1 微米大小的地方却可以容纳很多晶体管。如果一个细菌跑到集成电路中，就好比一列火车撞进了小胡同。要在这样极小的面积上施工制造，最关键的技术是使晶体管的线宽尽可能地小，这样才能使各种半导体器件和电路之间紧密地编织到最小的空间里。在只有头发丝直径大小的硅片上，当线宽为 1 微米时，可容纳 400 个晶体管；线宽为 0.5 微米时，可容纳 1500 个晶体管；线宽减到 0.25 微米时，则可容纳 4500 个以上的晶体管。这样精细的加工只能在极高倍的电子显微镜下操作。现在计算机中的中央处理器（CPU）就是超大规模集成电路的杰作。一个小小的芯片中有几十万，几千万个半导体器件已不是什么新鲜事了。制造这种产品需要极为严格的洁净要求，甚至不得有人员进入，只能靠全自动化生产。

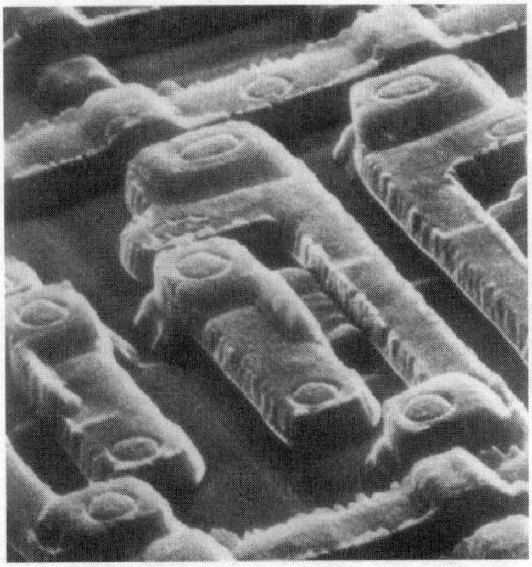

◆在显微镜下看到的一个芯片的局部

集成电路具有体积小、重量轻、引出线和焊接点少、寿命长、可靠性高、性能好等优点，同时成本低，便于大规模生产。它不仅在工业、民用电子设备如收录机、电视机、计算机等方面得到广泛的应用，同时也被应用于军事、通信、遥控等领域。

万花筒

纳米时代的到来

1990年，美国IBM公司已经制成了仅由两个原子构成的二极管，著名的麻省理工学院也成功地研制出大小仅20纳米（相当于头发丝的三千分之一）的量子效应电子器件，这宣告了纳米科技时代的到来。

链接：洁净室有多洁净

洁净室是指一个具有低污染水平的环境，这里所指的污染来源有灰尘、空气传播的微生物、悬浮颗粒和化学挥发性气体。更准确地讲，每个洁净室一般都具有一个受控的污染级别，污染级别可用每立方米的颗粒数，或者用最大颗粒大小来厘定。低级别的净室通常是没有经过消毒的(如没有受控的微生物)，往往只关注空气传播的灰尘。

◆工作人员在无尘的环境中生产集成电路，不能带进任何杂质，不然会导致生产失败

净室被广泛地应用在对环境污染特别敏感的行业，例如半导体生产、生化技术、生物技术、精密机械、制药、医院等行业，其中以半导体业对室内之温湿度、洁净度要求尤其严格，故必需控制在某一个需求范围内，才不会对生产制造产生影响。作为生产设施，净室可以占据厂房很多位置。

集成电路发展史

◆晶体管

早在1830年，科学家已于实验室中展开了对半导体的研究。他们最初的研究对象是一些在加热后电阻值会增加的元素和化合物。这些物质有一个共同点，当它们被光线照射时，会容许电流单向通过，我们可藉此控制电流的方向，这也称为光电导效应。在无线电接收器中，负责检测信号的整流器，就是一种半导体电子仪器例子。德国的费迪南德·布朗利用了半导体方铅矿——一种以硫化铅为主的矿物的整流特性，创制了世上第一台整流检测器，后被俗称为“猫胡子”的检测器。基于半导体的整流特性，我们能在整流检测器内的金属接触面和半导体间建立起电势差，令电子在沿某一方向流动时为“顺流而下”，反之则“逆流而上”。至此，半导体电子仪器起始面世。

万花筒

晶体管的发明

在20世纪的前半段，电子业的发展一直受到真空管技术的掣肘。直到1947年贝尔实验室发明了晶体管后才得到解决。晶体管的出现，令工程师能设计出更多更复杂的电路，这些电路包括了成千上万件不同的元器件：晶体管、二极管、整流器和电容。

1958年，基尔比使用半导体制作电路板，他成功地将一组电路安装在一片半导体上。基尔比也凭借着发明半导体集成电路夺得了2000年诺贝尔物理学奖。1959年，英特尔的始创人，琼·霍尔尼和罗伯特·诺伊斯开发出一种崭新的平面科技，使人们能在硅晶圆表面铺上不同的物料来制作晶体管，并在连接处铺上一层氧化膜作保护。这项技术上的突破取代了以往的人手焊接。而以硅取代锗使集成电路的成本大为下降，集成电路商品化也变得可行。由集成电路制成的电子仪器从此大行其道，到20世纪60年代末期，接近九成的电子仪器都是以集成电路制成的。

◆1954年，美国贝尔实验室研制成功第一台使用晶体管线路的计算机，体积非常庞大

如今，中国集成电路产业取得了飞速发展，已经成为了全球半导体产业关注的焦点。即使在全球半导体产业陷入有史以来程度最严重的低迷阶段时，中国集成电路市场仍保持了两位数的年增长率。凭借巨大的市场需求、较低的生产成本、丰富的人力资源，以及经济的稳定发展和宽松的政策环境等众多优势条件，以京津唐地区、长江三角洲地区和珠江三角洲地区为代表的产业基地迅速发展壮大，制造业、设计业和封装业等集成电路产业各环节逐步完善。

中国集成电路产业已经形成了IC设计、芯片制造、封装测试三业及支撑配套业共同发展的较为完善的产业链格局，随着IC设计和芯片制造行业的迅猛发展，国内集成电路价值链格局继续改变，其总体趋势是设计业和芯片制造业所占比例迅速上升。

◆全球最小掌上电脑，与晶体管计算机在体积和功能上有质的区别，这就是集成电路的功劳

小资料：集成电路的分类

◆电视机内部集成电路的生产

人们将单块芯片上包含100个元件或10个逻辑门以下的集成电路称为小规模集成电路；而将元件数在100个以上、1000个以下，或逻辑门在10个以上、100个以下的称为中规模集成电路；逻辑门数在100～5000个或元件数在1000～100000个的称为大规模集成电路；逻辑门数超过5000个，或元件数高于10万个的则称为超大规模集成电路。

集成电路按其功能、结构的不同，可以分为模拟集成电路、数字集成电路和数/模混合集成电路三大类。

模拟集成电路又称线性电路，用来产生、放大和处理各种模拟信号，例如半导体收音机的音频信号、录放机的磁带信号等。而数字集成电路用来产生、放大和处理各种数字信号，例如VCD、DVD重放的音频信号和视频信号。

解析CPU制造全过程

CPU是现代计算机的核心部件，又称为“中央处理器”或“微处理器”。对于电脑而言，CPU的规格与频率常常被用作衡量一台电脑性能强弱的重要指标。

如果被问及CPU的原料是什么，大家都会轻而易举地给出答案——硅。但硅又来自哪里呢？其实就是那些最不起眼的沙子。难以想象，价格昂贵、结构复杂、功能强大、充满着神秘感的CPU竟然来自那根本一文不值的沙子。当然，这中间必然要经历一个复杂的制造过程才行。

硅的处理过程至关重要。首先，原料硅要进行化学提纯，通过这一步骤使其达到可供半导体工业使用的原料级别。为了使这些原料硅能够满足集成电路制造的加工需要，还必须将其整形，这一步是通过熔化原料硅，

◆生产原料硅就存在于沙子中

然后将液态硅注入大型高温石英容器而完成的。为了达到高性能处理器的要求，整块原料硅必须高度纯净并且是单晶硅。处理完成后，从高温容器中采用旋转拉伸的方式将原料硅取出，此时一个圆柱体形的硅锭就产生了。

原理介绍

CPU的原材料

不是随便抓一把沙子就可以做CPU原料的，一定要精挑细选，从中提取出最最纯净的硅才行。除去硅之外，制造CPU还需要一种重要的材料就是金属。目前为止，铝已经成为制作处理器内部配件的主要金属材料，而铜则逐渐被淘汰。除了这两种主要的材料之外，在芯片的设计过程中还需要用到一些化学原料，它们分别起着不同的作用。

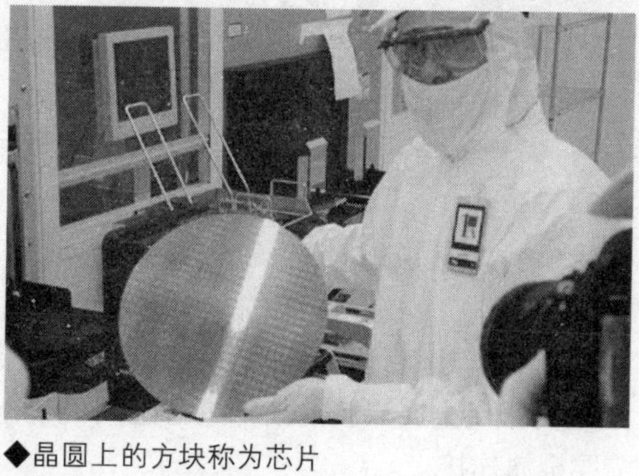
◆晶圆上的方块称为芯片

下一个步骤就是将这个圆柱体硅锭切片，切片越薄，用料越省，自然可以生产的处理器芯片就更多。切片还要经过镜面精加工处理来确保表面绝对光滑。新的切片中还要掺入一些物质而使之成为真正的半导体材料，掺入的物质原子进入硅原子之间的空隙，彼此之间产生相互作用，从而使得原料硅具有半导体的特性。而后在其上刻划代表着各种逻辑功能的晶体管电路。再将每一个切片放入高温炉中加热，通过控制加热时间而使切片表面生成一层二氧化硅膜，同时覆盖上一个感光层。这层物质在干燥时具有很好的感光效果，而且在光刻蚀过程结束之后，能够通过化学方法将其溶解并除去。

知识窗

光刻蚀

光刻蚀过程就是使用一定波长的光在感光层中刻出相应的刻痕，由此改变该处材料的化学特性。每一层刻蚀的图纸如果放大许多倍的话，可以和整个纽约市外加郊区范围的地图相比，甚至还要复杂。试想一下，把整个纽约地图缩小到实际面积大小只有100个平方毫米的芯片上，那么这个芯片的结构有多么复杂，就可想而知了吧。

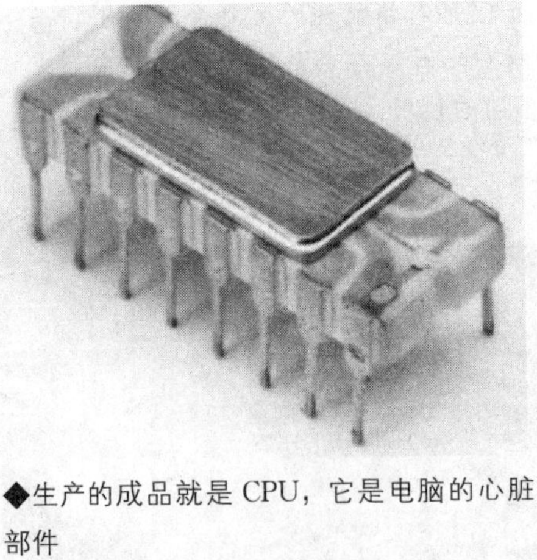

◆生产的成品就是CPU，它是电脑的心脏部件

通过化学方法除去暴露在外边的这层感光层物质后，二氧化硅马上在镂空位置的下方生成。在残留的感光层物质被去除之后，剩下的就是充满沟壑的二氧化硅层以及暴露出来的位于该层下方的硅层。于是，另一个二氧化硅层制作完成。然后，加入另一个带有感光层的多晶硅层。持续添加层级，加入一个二氧化硅层，然后光刻一次。重复以上步骤，然后就出现了一个多层立体架构，这就是你目前使用的处理器的萌芽状态了。此外，还要在层与层之间采用金属涂膜的技术进行层间的导电连接。奔腾4处理器已采用了7层金属连接。

随后还要对晶圆进行一关接一关的测试。整片的晶圆被切割成一个个独立的处理器芯片单元。这些被切割下来的芯片单元将被以某种方式进行封装，这样它们就可以顺利地插入某种规格接口的主板了。以上就是 CPU 的整个制作过程，它代表了现代精密集成电路的生产过程。

拓展思考

1. 什么是集成电路？你见过集成电路吗？

2. 你能说出几种集成电路的用途吗？

3. 电脑的核心——CPU 是怎样一步一步生产出来的？

4. 为什么集成电路的生产要在无尘车间进行？如果有灰尘会造成怎样的后果？

媲美人脑——电脑

如今，电脑就如同电灯一样，非常普遍，几乎家家户户都有至少一台电脑。看看你家的电脑是什么配置，再比比市场上主流电脑的配置，就会发现电脑发展的迅速。在我们的日常生活和工作中已离不开电脑，我们用电脑写文章、计算、上网、娱乐等。可以说，电脑让我们的生活更便捷，工作效率更加高。

电脑的组成及其工作原理

◆这是目前最薄的笔记本电脑

我们平时看到的电脑，其实只是电脑家族中成员之一而已，对日常工作中遇到的计算机进行现实的分类，可分为服务器、工作站、台式机、便携机、手持设备五大类，其中我们最常见的是台式机和便携式笔记本电脑，尤其是个人台式机，这里我们将着重介绍。

计算机系统主要由两部分组成：软件部分和硬件部分。

软件部分包括操作系统，应用软件等；

硬件部分包括机箱（电源、硬盘、内存、主板、中央处理器（CPU）、光驱、声卡、网卡、显卡）、显示器、键盘、鼠标、音箱等。

万花筒

内存与硬盘储存功能的区别

内存和硬盘都可以储存信息。内存的存储速度非常快，但是它有一个缺点就是断电后储存的信息就会丢失。硬盘以磁介质为储存媒介，数据是储存在硬盘的一个个磁道上的。硬盘的读写速度和内存的比起来差得非常远。但是，硬盘的数据断电后仍然可以保留。

计算机的硬件按其作用也可以分为五个部分，即输入设备、存储器、运算器、控制器和输出设备。

现在的计算机工作原理还是遵从冯·诺依曼模式：用户信息（包括控制信息与数据信息）通过输入设备送到存储器。控制信息送往中央处理器，处理器由运算器和控制器组成，根据它对各部件进行控制；数据信息由运算器从存储器（内存，外存等）中提取并进行处理，再返回存储器中，信息处理完毕后，由存储器经输出设备输出。

计算机可以模仿人脑的部分功能，所以才有电脑之称。

电脑的发展历史

从 1946 年到 1958 年是计算机发展的第一代。

其特征是采用电子管作为计算机的逻辑元件；内存储器采用水银延迟线；外存储器采用磁鼓、纸带、卡片等。运算速度只有每秒几千次到几万次基本运算，内存容量只有几千个字。用二进制表示的机器语言或汇编语言编写程序。由于体积大、功耗大、造价高、使用不便，主要用于军事和科研部门进行数值计算。

◆冯·诺依曼

◆集成电路的第一位发明者杰克·基尔比，他的发明改变了世界

第一代计算机的代表是1946年美籍匈牙利数学家冯·诺依曼与他的同事们在普林斯顿研究所设计的存储程序计算机IAS。它的设计体现了“存储程序原理”和“二进制”的思想，产生了所谓的冯·诺依曼型计算机结构体系，对后来计算机的发展有着深远的影响。

从1958年到1964年是计算机发展的第二代。

其特征是用晶体管代替了电子管；大量采用磁芯做内存储器，采用磁盘、磁带等做外存储器；体积缩小、功耗降低、运算速度提高到每秒几十万次基本运算，内存容量扩大到几十万字。同时，计算机软件技术也有了很大发展，出现了FORTRAN、ALGOL-60、COBOL等高级程序设计语言，大大方便了计算机的使用。

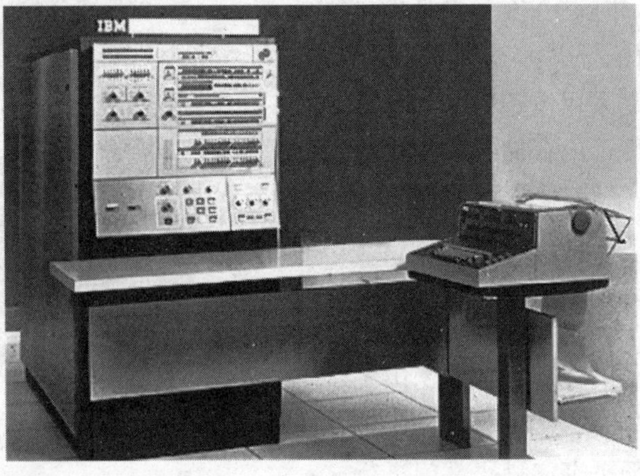

◆IBM－360计算机

万花筒

CPU的内核

核心又称为内核，是CPU最重要的组成部分。CPU中心那块隆起的芯片就是核心，是由单晶硅以一定的生产工艺制造出来的，CPU所有的计算、接受/存储命令、处理数据都由核心执行。各种CPU核心都具有固定的逻辑结构，一级缓存、二级缓存、执行单元、指令级单元和总线接口等逻辑单元都会有科学的布局。

从1964年到1975年是计算机发展的第三代。

◆现代计算机向小型、多功能方向发展

其特征是用集成电路IC代替了分立元件，集成电路是把多个电子元器件集中在几平方毫米的基片上形成的逻辑电路。第三代计算机的基本电子元件是每个基片上集成几个到十几个电子元件（逻辑门）的小规模集成电路和集成几十个元件的中规模集成电路。第三代计算机已开始采用性能优良的半导体存储器取代磁芯存储器；运算速度提高到每秒几十万到几百万次基本运算，在存储器容量和可靠性等方面都有了较大的提高。同时，计算机软件技术的进一步发展，尤其是操作系统的逐步成熟是第三代计算机的显著特点。多处理机、虚拟存储器系统以及面向用户的应用软件的发展，大大丰富了计算机软件资源。为了充分利用已有的软件，解决软件兼容问题，出现了系列化的计算机。

从1975年开始出现了第四代计算机。其特征是以大规模集成电路来构成计算机的主要功能部件；主存储器采用集成度很高的半导体存储器；运算速度可达每秒几百万次甚至上亿次基本运算。在软件方面，出现了数据库系统、分布式操作系统等，应用软件的开发已逐步成为一个庞大的现代产业。微处理器相继推出 80386、80486。386、486 微型计算机是初期产品。1993 年，英特尔公司推出了奔腾（Pentium，P5）的微处理器，它具有 64 位的内部数据通道。微型计算机的性能主要取决于它的核心器件——微处理器的性能。

随后，英特尔公司的奔腾系列处理器更新换代，一直到 2005 年，英特尔开始推广双核处理器，四核处理器也开始悄悄出现。操作系统也从最初的 MS-DOS 发展到 Windows 系统，现在也许你家中的电脑已经用上了 Windows 7。

计算机的发展脚步十分惊人，在生活和工作中几乎离不开它，各行各业都有它的存在，它的发展将趋向超高速、超小型、并行处理和智能化，新型计算机的研发应运而生。未来量子、光子和分子计算机将具有感知、思考、判断、学习以及一定的自然语言能力，使计算机进入人工智能时代。这种新型计算机将推动新一轮计算技术革命，对人类社会的发展产生深远的影响。

拓展思考

1. 电脑的发展经历了哪三个阶段呢？
2. 你能说出几种电脑外部设备的名称和用途吗？
3. 联想一下在你学习生活中用到过哪些种类的电子计算机产品呢？
4. 如果需要处理巨大的数据量，而且对时效性要求较高，你认为应该使用哪种类型的电脑呢？

使硬盘更小，容量更大
——巨磁电阻

体积越来越小，容量越来越大——在如今这个信息时代，存储信息的硬盘自然而然被人们寄予了这样的期望。得益于“巨磁电阻”效应这一重大发现，近年来，我们开始能够在笔记本电脑、音乐播放器等所安装的越来越小的硬盘中存储海量信息。

◆“巨磁电阻”的发现，大幅缩小了电脑的体积，造就了大容量的手提音乐和录像播放器（如MP3和MP4等）

法国科学家阿尔贝·费尔和德国人皮特·克鲁伯格因发现了“巨磁电阻”效应共同获得2007年诺贝尔物理学奖。根据这一效应开发的小型大容量计算机硬盘已得到广泛应用。这项技术被认为是“前途广阔的纳米技术领域的首批实际应用之一”。

小硬盘中的大发现

所谓巨磁电阻效应，是指磁性材料的电阻率在有外磁场作用时较之无外磁场作用时存在巨大变化的现象。巨磁电阻是一种量子力学效应，它产生于层状的磁性薄膜结构。这种结构是由铁磁材料和非铁磁材料薄层交替叠合而成。当铁磁层的磁矩相互平行时，载流子与自旋有关的散射最小，材料有最小的电阻。当铁磁层的磁矩为反平行时，与自旋有关的散射最强，材料的电阻最大。上下两层为铁磁材料，中间夹层是非铁磁材料。铁磁材料磁矩的方向是由加到材料的外磁场控制的，因而较小的磁场也可以得到较大电阻变化的材料。

众所周知，计算机硬盘是通过磁介质来存储信息的。一块密封的计算机硬盘内部包含若干个磁盘片，磁盘片的每一面都被以转轴为轴心、以一定的磁密度为间隔划分成多个磁道，每个磁道又被划分为若干个扇区。

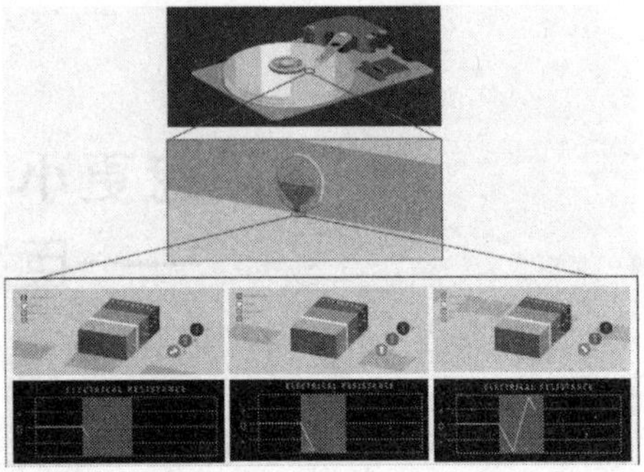

◆巨磁电阻式磁头工作原理图

◆巨磁电阻效应使存储工具越来越小

磁盘片上的磁涂层是由数量众多的、体积极为细小的磁颗粒组成，若干个磁颗粒组成一个记录单元来记录 1 比特（bit）信息，即 0 或 1。磁盘片的每个磁盘面都相应有一个磁头。当磁头“扫描”过磁盘面的各个区域时，各个区域中记录的不同磁信号就被转换成电信号，电信号的变化进而被表达为“0”和“1”，成为所有信息的原始译码。

◆随着科技的进步，笔记本电脑将越来越迷你

1997 年，全球首个基于巨磁电阻效应的读出磁头问世。正是借助了巨磁电阻效应，人们才能够制造出如此灵敏的磁头，能够清晰地读出较弱的磁信号，并且转换成清晰的电流变化。新式磁头的出现引发了硬盘的“大容量、小型化”革命。如今，笔记

本电脑、音乐播放器等各类数码电子产品中所装备的硬盘，基本上都应用了巨磁电阻效应，这一技术已然成为新的标准。

阿尔贝·费尔和皮特·克鲁伯格所发现的巨磁电阻效应造就了计算机硬盘存储密度提高50倍的奇迹。单以读出磁头为例，1994年，IBM公司研制成功了巨磁电阻效应……。

万花筒

广阔的应用前景

磁电子学的产生是巨大应用前景促进的结果，同时从其产生之初即为应用服务。目前磁电子学的研究仍在世界范围轰轰烈烈地进行，它的应用已发展到计算机磁头、巨磁电阻传感器、磁随机存储器等许多领域，随着对巨磁电阻原理的进一步研究和认识，必将开拓更为广阔的应用前景。

费尔和克鲁伯格小传

◆阿尔贝·费尔

阿尔贝·费尔1938年3月7日出生于法国的卡尔卡松，已婚并有两个孩子。1962年，费尔在巴黎高等师范学院获数学和物理硕士学位。1970年，费尔从巴黎第十一大学获物理学博士学位。此后，费尔从1970年到1995年一直在巴黎第十一大学固体物理实验室工作。后任研究小组组长。1995年至今则担任国家科学研究中心——Thales集团联合物理小组科学主管。1988年，费尔发现巨磁电阻效应，同时他对自旋电子学也作出过许多贡献。费尔于2004年当选法国科学院院士。目前为巴黎第十一大学物理学教授。

费尔在获得诺贝尔奖之前已经取得过多种奖项，包括1994年获美国物理学会颁发的新材料国际奖，1997年获欧洲物理协会颁发的欧洲物理学大

◆皮特·克鲁伯格

奖，以及2003年获法国国家科学研究中心金奖。

德国科学家克鲁伯格1939年5月18日出生。从1959年到1963年，克鲁伯格在法兰克福约翰·沃尔夫·歌德大学学习物理，1962年获得中级文凭，1969年在达姆施塔特技术大学获得博士学位。克鲁伯格在学术方面获奖颇丰，包括1994年获美国物理学会颁发的新材料国际奖（与阿尔贝·费尔、帕克林共同获得）；1998年获由德国总统颁发的德国未来奖；2007年获沃尔夫基金奖物理奖。

历史故事

巨磁电阻的发现之旅

1988年，法国的费尔在铁、铬相间的多层膜电阻中发现，微弱的磁场变化可以导致电阻大小的急剧变化，其变化的幅度比通常高十几倍，他把这种效应命名为巨磁电阻效应。有趣的是，就在此前3个月，德国优利希研究中心格林贝格尔教授领导的研究小组在具有层间反平行磁化的铁/铬/铁三层膜结构中也发现了完全相同的现象。

让办公室高效
——办公自动化

随着科技的发展，人们的办公环境不断改善，从“传达工作靠吼，呈交资料靠走，起草文件靠手”到今天的办公自动化、数字化、现代化。从办公室堆满文件到现在的无纸办公，办公环境得到了很大的发展，从某种程度上说，也改变了人们的工作和生活。

办公自动化——实现无纸办公

◆电脑是办公自动化不可缺少的帮手

办公自动化是将现代化办公和计算机网络功能结合起来的一种新型的办公方式，是当前新技术革命中一个非常活跃和具有很强生命力的技术应用领域，是信息化社会的产物。

计算机的诞生和发展促进了人类社会的进步和繁荣，作为信息科学的载体和核心，计算机科学在知识时代扮演了重要的角色。如今，在行政机关、企事业单位的工作中，通常是以计算机为中心，采用 Internet 技术和一系列现代化办公设备和先进的通信技术，广泛、全面、迅速地收集、整理、加工、存储和使用各种信息，使单位内部人员方便快捷地共享信息，高效地协同工作；计算机改变了过去复杂、单位低效的手工办公方式，为科学管理和决策服务，从而达到提高行政效率的

◆现代办公室实现了无纸办公

目的。一个企业实现办公自动化的程度已成为了衡量其实现现代化管理的标准之一。我国有关专家在第一次全国办公自动化规划讨论会上提出将办公自动化定义为：利用先进的科学技术，使部分办公业务活动物化于人以外的各种现代化办公设备中，由人与技术设备构成服务于某种办公业务目的的人—机信息处理系统。

其实，办公自动化并没有统一的定义，凡是在传统的办公室中引入了各种新技术、新机器、新设备来从事办公业务，都属于办公自动化的领域。

通常来说，办公室的业务主要是进行大量文件的处理工作，如起草文件、通知、各种业务文本，接收外来文件存档，查询本部门文件和外来文件，产生文件复件等等。所以，采用计算机文字处理技术制作并存储各种文档，采用其他先进设备，如复印机、传真机等复制、传递文档，或者采用计算机网络技术传递文档，这些都是办公自动化的基本特征。

知识窗

办公自动化

办公自动化是近年来随着计算机科学发展而提出的新概念。办公自动化英文原称 Office Automation，缩写为 OA。办公自动化系统一般是指实现办公室内事务性业务的自动化流转，此外还包括网络化的大规模信息处理系统。

广角镜——办公自动化，激光帮你忙

随着科学技术的发展，激光的应用已经渗透到方方面面。最早的激光发射器是充有氦氖气体的电子激光管，体积很大，因此在实际应用中受到了很大限制。20世纪70年代末期，半导体技术趋向成熟。半导体激光器随之诞生，高灵敏度的感光材料也不断被发现，加上激光控制技术的发展，激光技术迅速成熟，并进入了实际应用领域。如果你是一位上班族，环顾一下你的周围，激光打印机、激光复印机，都应用到了激光的原理。你看到的报纸、书籍，也是通过激光排版的。当然了，我们也不能忘记中文激光照排的发明人——王选院士。

◆激光打印，就是这么简单

栩栩如生的激光打印

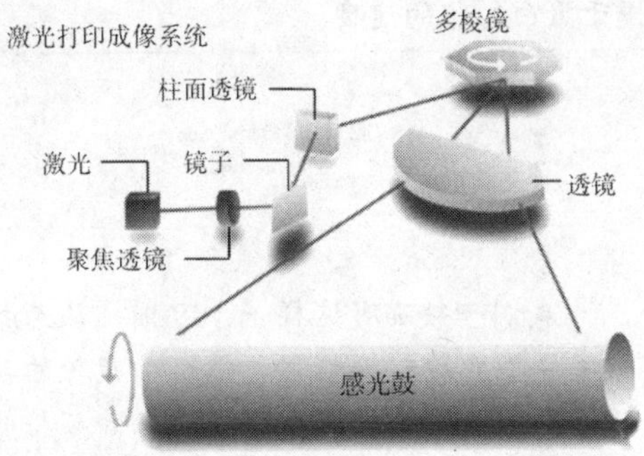

◆激光打印成像系统

激光打印机为何能够静悄悄地打印出如此栩栩如生的图像？这要从激光打印机的工作原理谈起。激光打印机中最重要的元件是感光鼓。整个打印过程都以感光鼓为中心，周而复始地运作的。黑白激光打印机工作的整个过程可以说是充电、曝光、显像、转像、定影、清除、除像等七大步骤的循环。

当使用者在应用程序中下达打印指令后，从电脑传来的打印信号转化为脉冲信号传送到激光器，整个激光打印流程的序幕遂由“充电”动作展开：先在感光鼓上充满负电荷或正电荷；然后再将打印机处理器处理好的图像资料通过激光束照射到感光鼓上，在相应的位置上形成“曝光”；接着由于碳粉上带有与同感光鼓相同性质的电荷，被曝光的部位便会吸附带电的碳粉，“显像”出图像；纸张进入机器内部后，带有与碳粉电性相反的正电荷或负电荷，由于异性相吸的缘故，便能使感光鼓上的碳粉“转像”到纸张上；为了使碳粉更紧实地附在纸上，接下来熔印辊则以高温高压的方式，将碳粉“定影”在纸上，这也是刚打印出来的纸张都有较高温度的原因；然后将感光鼓上残留的碳粉“清除”；最后的环节为“除像”，也就是除去静电，使感光鼓表面的电位回复到初始状态，以便展开下一个循环过程。

不良的触摸、划痕都会造成硒鼓表面涂层的永久性伤害。打印机硒鼓的寿命一般为5000张纸左右。

原理介绍

多彩的彩色打印

彩色激光打印机使用四色碳粉，因此以上电荷“负像和墨粉”、“正像”的生成步骤要重复四次，每次吸附上不同颜色的墨粉，最后转印鼓上将形成青、品红、黄、黑四色影像。正是因为彩色激光打印机有一个重复四次的步骤，所以彩色打印的速度明显慢于黑白打印的速度。

小资料：碳粉的选择要素

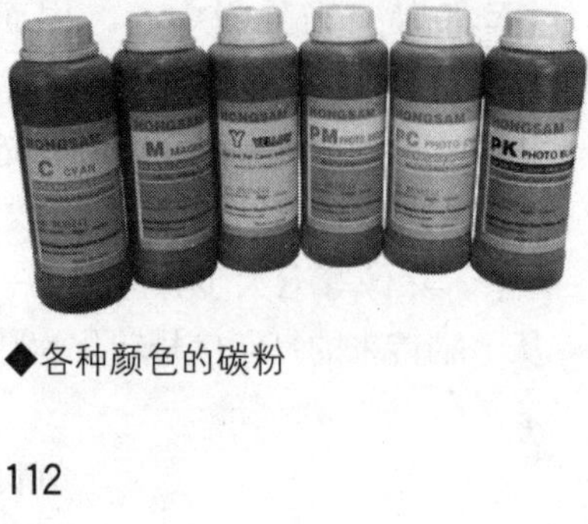

◆各种颜色的碳粉

我们一般都有这样一个习惯，认为打印字样越黑的碳粉越好。但有时碳粉的其他因素也可能造成这个错觉，比如碳粉的定着度较差，仅仅只是吸附在纸的表面而未充分渗透到纸纤维里，这时碳粉颗粒大部分堆积在纸张表面，对光线的吸收率是非常高的，给人感觉非常黑，但事实上，这种碳粉的熔点偏高，打印的字样并不牢固，并不是一种好碳粉。

拓展思考

1. 你见过打印机吗？你能说说它的工作原理是什么吗？
2. 你知道四大发明吗？它们对人类历史的发展有什么意义？
3. 活字印刷是谁发明的？它是如何工作的？
4. 王选院士做出了怎样的贡献？

激光束下的秘密
——全息防伪和存储技术

◆全息防伪技术

清朝时期，有个姓汪的官员，乘马车经过一处河堤，忽然阴云密布，汪某急忙停下躲避。雨过天晴之后，汪某下车方便，回头时看见车窗内有个人影。他揭开车帘看，车厢里无人，仔细审视，原来人影是在车玻璃上。回家后，人影依然不散，家人都以为神异，就把这块玻璃取下供奉起来。二十几年后，汪家的儿童用弓箭游戏时，打碎了玻璃。奇怪的是，每一块碎片上的影像仍然是完整的。

汪某的外甥拿去给他的好友姚元之看。姚元之把自己看到的情况记录下来。彼时正处在清代嘉庆、道光两朝，囿于当时科技水平，姚元之把这一奇异现象解释为在雷雨时刻，一位辟邪的仙灵精气聚合不散，附着在玻璃上而形成。直到现代全息技术的发展，才揭示了它的奥秘。我们将在本专题中，介绍全息照片到底是怎么回事之谜。

什么是激光全息

1947年，伽柏在从事提高电子显微镜分辨本领的工作时，提出了全息术的设想并用以提高电子显微镜的分辨本领。这是一种全新的两步无透镜成像法，也称为波阵面再现术。利用双光束干涉原理，产生干涉图样即可把位相“合并”上去，并用感光底片同时记录下位相和振幅，就可以获得

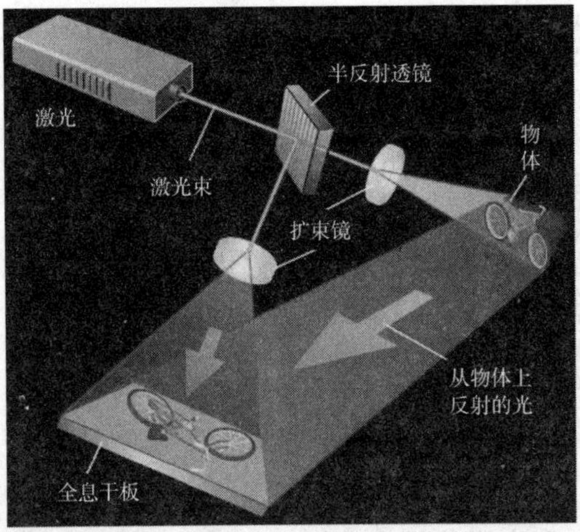

◆激光全息示意图

全息图像。

但是，全息照相是根据干涉法原理拍摄的，须用高密度（分辨率）感光底片记录。由于普通光源单色性不好，相干性差，因而全息技术发展缓慢，很难拍出像样的全息图。我们在拍摄全息照片时，对应的拍摄设备并不是普通照相机，而是一台激光器。该激光器产生的激光束被分光镜一分为二，其中一束被命名为“物光束”，直接照射到被拍摄的物体上，另一束则被称为“参考光束”，直接照射到感光胶片上。当物光束照射到所摄物体之后，形成的反射光束同样会照射到胶片上，此时物体的完整信息就能被胶片记录下来，全息照相的摄制过程就这样完成了。伽柏因为发明和发展全息照相法，获得了1971年度诺贝尔物理学奖。

过去，全息照片上只有一些乱七八糟的条纹，但当我们使用一束激光去照射照片时，立体图像就会栩栩如生地展现出来。

三维立体的全息照片

20世纪70年代末期，人们发现全息图片具有包括三维信息的表面结构（即纵横交错的干涉条纹），这种结构是可以转移到高密度感光底片等材料上去的。

1980年，美国科学家利用压印全息技术，将全息表面结构转移到聚酯薄膜上，从而成功地印制出世界上第一张模压全息图片。这种激光全息图片又称彩虹全息图片，它是通过激光制版，将影像制作在塑料薄膜上，产生五光十色的衍射效果，并使图片具有二维、三维空间感，在普通光线下

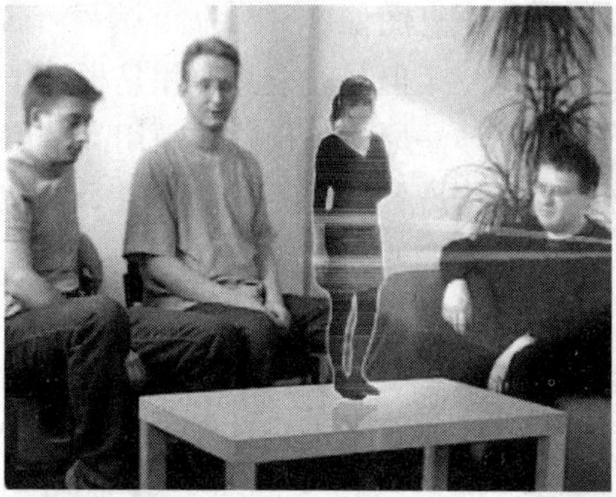

◆立体的全息照相

被隐藏的图像、信息会重现。当光线从某一特定角度照射时，又会出现新的图像。这种模压全息图片可以像印刷一样大批量快速复制，成本较低，且可以与各类印刷品结合使用。至此，全息摄影向社会应用迈出了决定性的一步。

讲解——全息照相与普通照相有何不同？

普通照相是运用几何光学中透镜成像原理，仅记录了物光中的振幅信息，不能反映光波中的位相信息，所以普通照片没有立体感。

全息照片和普通照片截然不同。用肉眼去看，全息照片上只有些乱七八糟的条纹。可是若用一束激光去照射该照片，眼前就会出现逼真的立体景物。更奇妙

◆英国女王普通照片图

◆英国女王全息照片图

的是，从不同的角度去观察，就可以看到原来物体的不同侧面。而且，如果不小

心把全息照片弄碎了，那也没有关系。随意拿起其中的一小块碎片，用同样的方法观察，原来的被摄物体仍然能完整无缺地显示出来。

◆全息防伪让假冒产品无处藏身

早期的激光全息照片只能由激光再现，即要想观察激光全息照片只能用激光器作光源，以一定角度照射全息照片才能观察到图像。激光全息照片要实现商品化就要实现白光再现，即在普通光源下能观察到激光全息图像。模压全息最常用的白光再现激光全息技术为两步彩虹全息术和一步彩虹全息术。

对全息防伪商标真伪的非专家检验也由单纯的目测发展到卡片检验、放大镜检验、激光束照射检验等，未来的趋向是电子识别检验。

模压激光全息技术虽然具有不可仿冒性，但对于普通消费者而言，要鉴别真伪是有相当难度的。为了应对激烈的竞争，提高非专业人士的识别能力，激光全息技术人员不断开发新的技术，如流星光点、幻纹技术等一线防伪技术和激光加密、双卡技术等二线防伪技术，模压激光全息标识鉴别的方向是：快速电子半自动/自动识别。

◆利用全息技术制造的防伪纸币

万 花 筒

模压激光全息技术

较成熟的模压激光全息技术问世于20世纪80年代初的美国，并于80年代中期传入我国。早期的模压激光全息技术主要应用于图像显示（工艺品类），在应用于防伪领域后，模压激光全息技术得到飞速的发展。

海量存储——全息存储

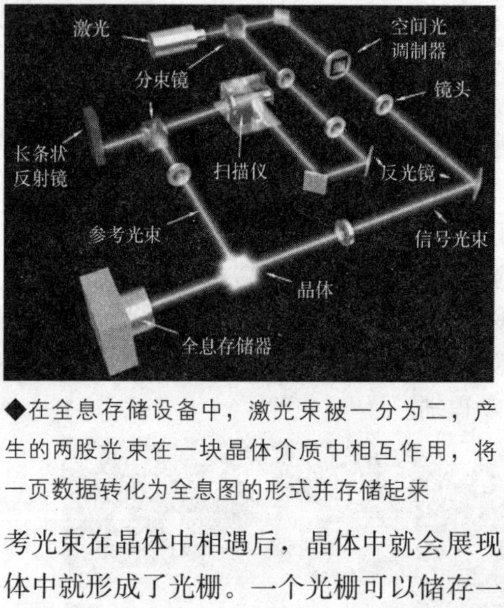

◆在全息存储设备中，激光束被一分为二，产生的两股光束在一块晶体介质中相互作用，将一页数据转化为全息图的形式并存储起来

全息存储是受全息照相的启发而研制的，当你明白全息照相的技术原理，就可以更好地理解全息存储。全息存储技术同样需要激光束的帮忙，研发人员要为它配备一套高效率的全息照相系统。首先利用一束激光照射晶体内部不透明的小方格，记录成为原始图案后，再使用一束激光聚焦形成信号源，另外还需要一束参考激光作为校准。当信号源光束和参考光束在晶体中相遇后，晶体中就会展现出多折射角度的图案，这样在晶体中就形成了光栅。一个光栅可以储存一批数据，称为一页。我们把使用全息存储技术制成的存储器称为全息存储器，全息存储器在存储和读取数据时都是以页为单位的。

【全息存储优势】

1997年，一种被称作数字多功能光盘（DVD）的增强版CD推出，它能够在一张光盘上存储一整部电影。CD和DVD是音乐、软件、个人电脑数据以及视频的主要存储载体。一张CD能够容纳783MB的数据，相当于

◆全息存储技术突破一张光盘可存 500GB

1 小时 15 分钟的音乐。但是索尼公司计划推出一种 1.3GB 的大容量 CD。一张双面双层的 DVD 能够存储 15.9GB 的数据，相当于 8 小时的电影。这些传统的存储介质满足了当前的需要，但是存储技术必须不断进步以满足不断增长的消费需求。CD、DVD 和磁存储器都是将信息的比特数据存储在记录介质的表面上。与目前的存储技术相比，全息存储在容量、速度和可靠性方面都极具发展潜力。由于全息存储器是以页作为读写单位，不同页面的数据可以同时并行读写，理论上其存储速度将相当迅速。业界普遍估计，未来全息存储可以实现每秒 1GB 的传输速度，以及小于 1 毫秒的随机访问时间！使用全息存储技术后，一块方糖大小的立方体就能存储高达 1TB 的数据，这么高的容量并不是空穴来风。由于一个晶体有无数个面，我们只要改变激光束的入射角度，就可以在一块晶体中存储数量惊人的数据。打个形象的比喻，我们可以把全息存储器看成像书本一样，这也是其用小体积实现大容量的原理所在，理论上全息存储可以轻松突破 1TB 的存储密度！与传统硬盘不一样，全息存储器不需要任何移动部件，数据读写操作为非接触式，使用寿命、数据可靠性、安全性都达到理想的状况。

> 全息存储几乎可以永久保存数据，在切断电能供应的条件下，数据可在感光介质中保存数百年之久，这一点也远优于硬盘。

知识窗

传统的存储方式

近20年来，使用光来存储和读取数据的设备一直是数据存储技术的支柱。在20世纪80年代早期出现的光盘带来了数据存储的革命，它能够将兆字节级的数据存储到一张直径只有12厘米、厚度大约1.2毫米的圆盘上。

拓展思考

1. 什么是激光全息技术？
2. 全息照相与普通照相有何不同？
3. 为何全息技术可以用来防伪？
4. 什么是全息存储技术？它的优点是什么？

刷出精彩新生活——磁卡

磁卡是一种卡片状的磁性记录介质，与各种读卡器配合使用。磁卡是利用磁性载体记录了一些信息，用来标识身份或其他用途的卡片。由于磁层构造的不同，又可分为磁条卡和全涂磁卡两种。

磁卡——生活中不可少的部分

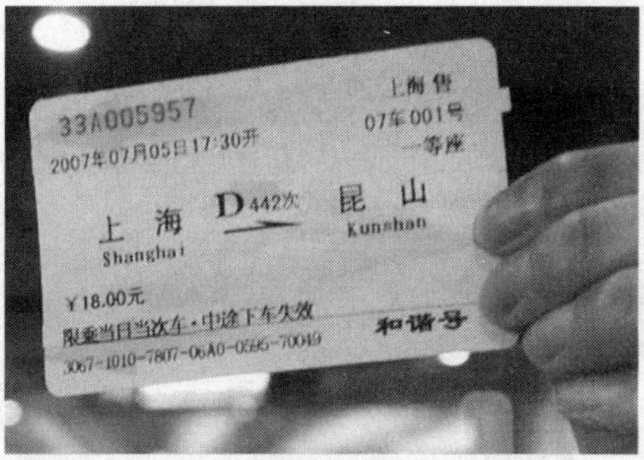

◆磁卡火车票的出现可以实现电子检票

磁卡使用方便，造价便宜，用途极为广泛，可用于制作信用卡、银行卡、地铁卡、公交卡、门票卡、电话卡、电子游戏卡、车票、机票以及各种交通收费卡等。今天，在许多场合我们都会用到磁卡，如在食堂就餐，在商场购物，乘公共汽车，打电话等等。

◆人们最熟悉的磁卡机器要数银行的自动取款机了

磁卡的使用已经有很长的历史了。由于磁卡成本低廉，易于使用，便于管理，且具有一定的安全特性，因此它的发展得到了很多世界知名公司，特别是各国政府部门几十年的鼎力支持，使得磁卡的应用非常普及，遍布国民生活的方方面面。打电话可以用磁卡，坐地铁检票可以用磁卡，等等。值得一提的是银行系统几十年的普遍推广使用银行卡，使得磁卡的普及率得到了很大的发展。

据资料报道，美国平均每个（成年）人拥有的各类磁卡多达 4 张，新加坡也有类似的普及率。在美国等一些发达国家，由于磁卡广泛应用，其应用系统已非常完善。

讲解——透析磁卡记录原理

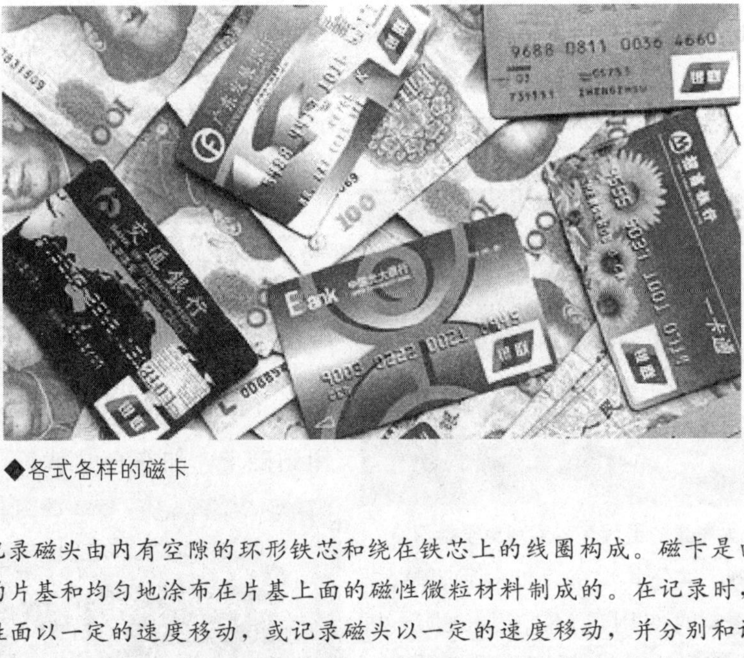

◆各式各样的磁卡

记录磁头由内有空隙的环形铁芯和绕在铁芯上的线圈构成。磁卡是由一定材料的片基和均匀地涂布在片基上面的磁性微粒材料制成的。在记录时，磁卡的磁性面以一定的速度移动，或记录磁头以一定的速度移动，并分别和记录磁头的空隙或磁性面相接触。磁头的线圈一旦通上电流，空隙处就产生与电流成比例的磁场，于是磁卡与空隙接触部分的磁性体就被磁化。如果记录信号电流随时间而变化，则当磁卡上的磁性体通过空隙时（因为磁卡或磁头是移动的），便随着电流的变化而不同程度地被磁化。磁卡被磁化之后，离开空隙的磁卡磁性层就留下相应于电流变化的剩磁。记录信号以正弦变化的剩磁形式记录，贮存在磁卡上。

磁卡使用有学问

磁条卡使用中会受到诸多外界因素的干扰，我们要尽量避免以下情况，防止你的磁卡出现问题：

☆ 磁条卡与钱包、皮夹上的磁扣距离太近，甚至与磁扣发生接触。

☆ 与女士皮包、男士手包磁扣太近或接触。

☆ 与带磁封条的通讯录、笔记本接触。

☆ 与手机套上的磁扣、汽车钥匙等磁性物体接触。

☆ 与手机等能够产生电磁辐射的设备长时间放在一起。

☆ 与电视机、收录机等有较强磁场效应的家用电器距离过近。

☆ 在超市使用时，与超市中防盗用的消磁设备距离太近甚至接触。

☆ 多张磁条卡放在一起时，两张卡的磁条互相接触。

另外，磁条卡受压、被折、长时间磕碰、曝晒、高温、磁条划伤弄脏等也会使磁条卡无法正常使用。同时，在刷卡器上刷卡交易的过程中，磁头的清洁、老化程度，数据传输过程中受到干扰，系统错误动作，收银员操作不当等都可能造成磁条卡无法使用。

◆在磁卡外面套一个磁卡套可以有效防止磁性相互影响

◆这个你是否眼熟，在商场购物时常用的刷卡机

小资料：磁卡电话何以自动收费？

磁卡电话是一种用磁卡控制通话和付费的公用电话机，里边装有磁卡读写器。

电话磁卡是一种代替现金支付电话费用的磁性卡片。它由高强度、耐高温的塑料或纸质涂覆塑料制成，一面印有说明提示性信息，如插卡方向；另一面则有磁层或磁条。磁层是涂印在塑料上的一种液体磁性材料，具有信息存储功能。磁条则是宽约 6～14 毫米的条状磁性材料，上面有能存储信息的磁道。因为在磁层或磁条上已预先记录了通话费用和识别数据，所以磁卡电话机可以通过磁卡读写器读出记录在磁卡上的磁信息，并根据通话时间的长短，削减磁卡上记录的金额，从而进行自动收费。

◆磁卡电话机

手机会使银行卡“消磁”吗？

◆有了银行卡，你就可以在各地无忧无虑地消费了

银行卡磁条上记录和储存着您的相关资料信息，如果磁条信息减弱、改变或丢失，您在用卡交易时，POS、ATM等终端设备可能无法读出正确的银行卡信息，造成交易失败。

银行卡、存折的记录信息都存储在背面的磁条上，而手机工作时发出的高频电磁波所产生的强磁场会把信用卡磁化，使所记录信息紊乱，从而造成银行卡失效。同时，有人将手机、银行卡等物品一起塞

◆银行卡存放时注意远离手机

在包里，很容易造成银行卡被“消磁”。另外，两张银行卡的磁条如果重叠在一起，也很有可能同时被消磁。（只要不是两张卡的磁条对在一起就没事，两个磁条对放就很有可能会消磁了，所以要避免磁条对冲。）

银行卡除了要与手机分开放以外，最好也离电视机、音箱、微波炉、电脑、电冰箱、防盗门钥匙等高磁性物品远一些。

银行卡的磁性没有时间的限制，没有固定的次数，保养得好的话使用几千几百次都不成问题，保持磁条完整的话，可以长期使用。

保存磁卡的关键是不要用手直接摸磁条，避免划伤，避免接触磁性物质，只要平时使用的时候注意存放就可以了。

链接：磁卡解读者——磁卡读写器

磁卡读写器其实就是一个外壳，然后上边固定了一个磁头，有的安装了一个电磁体（叫消磁器），还有编码解码电路、指示灯等。

当电脑等设备发出读信号时，磁头通电，放大信号，磁卡刷过时将信号记录下来，储存，然后重整，发送给电脑确认，如果确认符合那么则通过，否则就提示错误重刷。

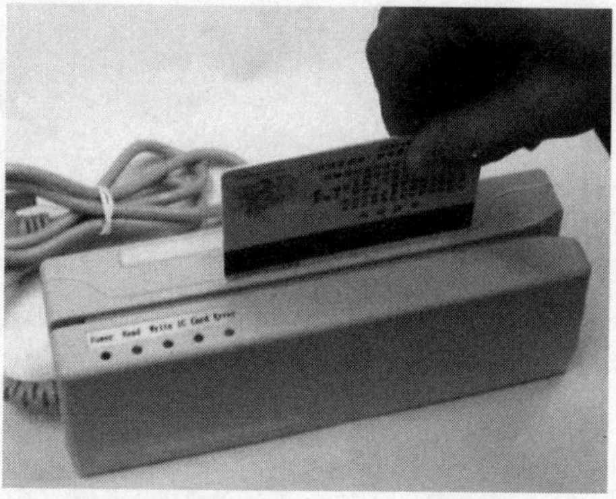

◆磁卡经过读卡器，就能显示里面的信息

写的时候电脑给信号，然后放大后消磁器通电，磁头通电，当磁卡刷过时先经过消磁器删掉所有东西，再通过磁头写入东西。

拓展思考

1. 你知道什么是磁卡吗？说说生活中哪些地方需要使用磁卡。
2. 手机会使银行卡“消磁”吗？
3. 磁卡是如何存储信息的？
4. 磁卡和 IC 卡有什么区别？

信息高速公路——Internet

网络，正在越来越深入我们的生活，越来越深刻地影响着我们的生活。你平均每周上网时间长达多少小时？你上网的主要休闲娱乐方式是什么？你认为网络怎样影响着你的生活？如果让你独处一室，并且只给你五样东西，你会选择什么？这五样东西是：电视机、手机、电脑、床和书刊杂志……人们不约而同选择了电脑。可以想象，网络正成为我们生活中不可或缺的部分。

网络诞生的使命

◆网络的发展最早始于冷战时期

丰富人类的精神世界和物质世界，让人类最便捷地获取信息，找到所求，让人类的生活更快乐，从而促进全球人类社会的进步。Internet 深刻地影响着人类文明的前行。

与很多人的想象相反，Internet 并非某一完美计划的结果，Internet 的创始人也绝不会想到它能发展成目前的规模和影响。在 Internet 面世之初，没有人能想到它会进入千家万户，也没有人能想到它的商业用途。

历史典故

网络的雏形

1969年，美国国防部高级研究计划管理局开始建立一个命名为ARPA-net的网络，把美国的几个军事及研究用电脑主机联接起来。当初，ARPA-net只联结4台主机，从军事要求上是置于美国国防部高级机密的保护之下，从技术上它还不具备向外推广的条件。

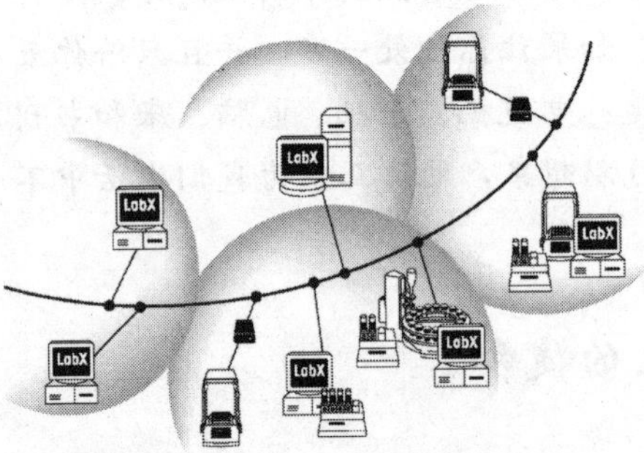

◆网络使大家“行驶”在高速的信息“公路”上

◆信息高速公路

从某种意义上说，Internet是美苏冷战的产物。在美国，20世纪60年代是一个很特殊的时代。60年代初，古巴核导弹危机发生，美国和原苏联之间的冷战状态随之升温，核毁灭的威胁成了人们日常生活的话题。在美国对古巴封锁的同时，越南战争爆发，许多第三世界国家发生政治危机。由于美国联邦经费的刺激和公众恐惧心理的影响，“实验室冷战”也开始了。人们认为，能否保持科学技术上的领先地位，将决定战争的胜负。而科学技术的进步依赖于电脑领域的发展。到了60年代末，每一个主要的联邦基金研究中心，包括纯商业性组织、大学，都有了由美国新兴电脑工业提供的最新技术装备的电脑设备。电脑中心互联以共享数据的思想得到了迅速发展。

美国国防部认为，如果仅有一个集中的军事指挥中心，万一这个中心被原苏联的核武器摧毁，全国的军事指挥将处于瘫痪状态，其后果将不堪设想，因此有必要设计这样一个分散的指挥系统——它由一个个分散的指挥点组成，当部分指挥点被摧毁后其他点仍能正常工作，而这些分散的点又能通过某种形式的通信网取得联系。

1983年，ARPA和美国国防部通信局研制成功了用于异构网络的TCP/IP协议，美国加利福尼亚伯克莱分校把该协议作为其BSD UNIX的一部分，使得该协议得以在社会上流行起来，从而诞生了真正的Internet。

Internet目前已经联系着超过160个国家和地区、4万多个子网、500多万台电脑主机，直接的用户超过4000万，成为世界上信息资源最丰富的电脑公共网络。Internet被认为是未来全球信息高速公路的雏形。

万花筒

慷慨的网络发明者

博纳斯·李被认为是世界互联网的发明者。博纳斯·李于1990年在欧洲核研究所任职期间发明了互联网，互联网络使得数以亿计的人能够利用浩瀚的网络资源。博纳斯·李并没有为自己的发明申请专利或者限制它的使用，而是无偿地向公众公开了他的发明成果，从而使网络以前所未有的速度获得发展。如果没有博纳斯·李的发明，也就没有今天的WWW网址。

链接：计算机与网络

在计算机领域中，网络就是用物理链路将各个孤立的工作站或主机相连在一起，组成数据链路，从而达到资源共享和通信的目的。凡将地理位置不同，并具有独立功能的多个计算机系统通过通信设备和线路而连接起来，且以功能完善的网络软件（网络协议、信息交换方式及网络操作系统等）实现网络资源共享的系统，可称为计算机网络。

◆简单一点说，网络就是用一种技术将计算机连接起来

信息高速公路对生活的影响

电脑是个伟大的产物，是人们智慧的结晶，更是社会发展进步的最好证明。电脑如今已成为人们生活中不可缺少的一部分，它在我们生活中无处不在，又无时无刻不在，大公司、小公司、医院、学校、银行等等，你在任何地方都能找到它活跃的身影，今天电脑更是走进了普通老百姓的家里。我们绝对可以说21世纪的世界是网络的世界。网络是神奇的，是有益的。它为我们的生活带来了无穷大的方便。你是不是想要找资料，想用时少，而资料全？你不用再埋头工作在图书馆里了，你只要在电脑里输入你要查询的资料，就可以把这项艰巨的任务交给网络，它可以在短时间内帮你大功告成，是不是很神奇呢？当你有什么烦恼的问题时，可千万别忘了它。喔！试试让网络来帮助你，相信它一定可以帮你排忧解难，成为你工作和学习的好助手。

网络不但可以在工作和学习方面帮助你，更是与我们的日常生活密切相关。你是不是经常因为时间的关系而不能准时地收看到新闻，因此不能了解国家大事和社会新闻。你不用忧愁，网络可以帮你解决这个问题。从此你不用再赶时间了，你只要简简单单地上网，各种各样的新闻消息就尽在你的掌握之中了。是不是很方便呢？你是不是一位大忙人，是不是没有时间烧饭和买东西，网络也可以帮你。你只要轻松地上网点击，上门服务肯定让你称心如意。

广角镜——网上购物方便多

随着互联网在中国的进一步普及应用，网上购物逐渐成为人们的网上行为之一。据悉，CNNIC 采用电话调查方式，在 2008 年 6 月对 19 个经济发达城市进行调查，4 个直辖市为北京、上海、重庆和天津，15 个副省级城市为广州、深圳、长春等。访问对象是半年内上过网且在网上买过东西的网民。报告显示，在被调查的 19 个城市中，上半年网络购物金额达到了 162 亿元。从性别比例看，男性网购总金额为 84 亿元，女性网购金额略低于男性，达到 78 亿元。其中，学生半年网购总金额已达 31 亿，是非学生半年网购总金额的近 1/4。当时有报告称 2010 年中国网购市场规模将达到 4640 亿元，届时网上销售额将占到社会商品零售总额的 3％以上。

网络不仅有以上这些优点，它更是一个通讯的好工具。你是否有远在异地的好朋友，你是不是很想与他联系。网络可以帮你！你可以通过上网与他交谈，倾诉你的肺腑之言，仿佛你们就在面对面地聊天。无论你们相隔多远，相信网络可以使你们感觉近在咫尺。如果你有许多话要说，又找不到倾诉的对象，你也可以上网向一位你不认识的朋友说出你的心声，说不定你也会多一位好朋友呢。

任何事物都有两面性，网络有许多优点，但是利用网络干坏事的事例还是存在的。如有的人利用网络散发病毒，破坏电脑的正常工作。对于这些，我们要严格地禁止，让网络真正地服务人类。

◆网络提供信息，也能传播病毒

小博士

给电脑穿上“防护衣”

无论是菜鸟还是飞鸟，杀毒软件和网络防火墙都是必需的。上网前或启动计算机后马上运行这些软件，就好像给你的计算机“穿”上了一层厚厚的“保护衣”，就算不能完全杜绝网络病毒的袭击，起码也能把大部分的网络病毒“拒之门外”。

安装软件后，要坚持定期更新病毒库和杀毒程序，以最大限度地发挥出软件应有的功效，给计算机“铁桶”般的保护。

网络报纸登上历史舞台

电子技术的发展给全球通信带来革新的同时，对传统媒介也是一个重大挑战。大众传媒面对网络的压力，并不是消极地规避和否认，而是积极地引进新技术，在保持传统媒体庞大受众的基础上，适时推出网络报纸、电子报刊、网络电视等新生代“媒体”，吸引更多的受众。

网络报纸与传统媒体相比有许多优势。网络报纸不是以“天”来作为更换基本版面的时间计量单位，而是一有新的消息就立即上网发布；在报道一个事件时，传统报纸的篇幅有限，而通过网络报纸的超链接功能，读者可以查到该事件的背景资料及相关报道等等。而且，网络报纸的交互性也是传统媒体无法比拟的。

随着网络时代的不断发展，纸质报纸将逐渐退出历史舞台，它将会被网络报纸逐步取代，因为一项新的技术将加速网络报纸的流行，那就是“电子纸”。电子纸是一种超薄、超轻的显示屏，即可理解为象纸一样薄、柔软、可擦写的显示器。电子纸技术与现有的液晶技术不一样，电子纸显示器没有目前显示设备无法避免的强烈反光，其画面分辨率高，显示效果与视觉感观与一般书写纸几乎完全相同。特别是电子纸技术具有画面记忆特性，一旦画面显示后即不再耗电，这对于便携式电子阅读器来说也是非常重要的优势。

◆也许不久的将来，你看的不再是报纸，而是电子纸

万花筒

只是时间的问题

在材料工艺上，电子纸甚至可以做成与纸一般可折叠弯曲。但目前电子纸的造价相当昂贵，因此暂时无法撼动传统纸张的地位，但随着生产技术的不断提高，生产成本的不断下降，电子纸取代传统纸张只是时间的问题。

链接：难以理解的网络语言

◆网络语言有时让人摸不着头脑

网络语言是伴随着网络的发展而新兴的一种有别于传统平面媒介的语言。它以简洁生动的形式从一诞生就得到了广大网友的偏爱，发展神速。

这类语言的出现与传播主要寄生于网络人群，还有为数不少的手机用户。Chat 里经常能出现“恐龙、美眉、霉女、青蛙、菌男、东东”等网络语言；BBS 里的帖子常冒出些“隔壁、楼上、楼下、楼主、潜水、灌水”等“专业”词汇；QQ 聊天中有丰富生动的表情图表，如一个挥动的手代表“再见”，冒气的杯子表示“喝茶”；手机短信中也越来越多地使用“近方言词”，如“冷松” （西北方言，音 lěngsóng，意为“竭尽”），等等。

把人类带入新纪元
——改写历史的发明

天堑变通途——桥

山水的自然美，令我国文学家和艺术家情有独钟。正如明代大艺术家董其昌所说“诗以山川为境，山川亦以诗为境”。桥，是架设于山水之间的建筑物，它长期屹立于大自然之中，也就成为点缀和美化大自然的一员。有山有水自然也就会有桥，桥梁本身也是实用与艺术的融合体，如桥梁的平直、索桥的凌空、浮桥的韵味、拱桥的涵影等，原来就摇曳着艺术的风采。故英国李约瑟先生说：“没有中国桥是欠美的，并且有很多是特别出色的美。”

天堑变通途

◆伦敦塔桥

桥是一种架空的人造通道。由上部结构和下部结构两部分组成。上部结构包括桥身和桥面；下部结构包括桥墩、桥台和基础。它们高悬低卧，形态万千，有的雄踞山岙野岭，古朴雅致；有的跨越岩壑溪间，山川增辉；有的坐落闹市通衢，造型奇巧；有的一桥多用，巧夺天工。不管风吹雨淋，无论酷暑严冬，它们总是默默无闻地为广大的行人、车马跨江过河，飞津济渡。建桥最主要的目的，就是为了解决跨水或者越谷的交通，以便于运输工具或行人在桥上畅通无阻。若从其最早或者最主要的功用来说，桥应该是专指跨水行空的道路。故

《说文解字》段玉裁的注释为："梁之字，用木跨水，今之桥也。"说明桥的最初含意是指架木于水面上的通道，以后方有引申为架于悬崖峭壁上的"栈道"和架于楼阁宫殿间的"飞阁"等天桥形式。现代的桥又在城市交通中发挥着重要作用，平地起桥（立交桥），贯通东西南北，不仅有助于缓解交通堵塞，还成为现代化城市一道亮丽的风景。

知识窗

举世闻名的赵州桥

赵州桥是我国现存最早的大型石拱桥，也是世界上现存最古老、跨度最长的弧拱桥。全桥用1000多块石块建成，桥上装有精美的石雕栏杆，雄伟壮丽、灵巧精美。充分代表了我国古代劳动人民在桥梁建造方面的丰富经验和高度智慧。

广角镜——桥之最：最高的桥

◆中国湖北巴东四渡河特大桥

最高的桥是中国湖北省巴东四渡河特大桥，高度为560米。

四渡河特大桥为单跨900米的钢桁架加劲梁悬索桥，桥面宽24.5米，桥面采用单向坡，居世界第一。从塔顶至谷底高差650米，被誉为世界第一高桥，采用火箭抛绳系统进行先导索过深切峡谷，创国内外首例，加劲梁吊装采用跨径为国内最大的900米缆索吊。

眼花缭乱的桥

我国是个文明古国，地大物博，山河奇秀，南北地质地貌差异较大，因此对建桥的技术要求也高。大约在汉代时，桥梁的四种基本桥型：梁桥、浮桥、索桥、拱桥便已全部产生了。这四种桥根据其建筑材料和构造形式的不同，又分别演化出：木桥、石桥、砖桥、竹桥、盐桥、冰桥、藤桥、铁桥、苇桥、石柱桥、石墩桥、漫水桥、伸臂式桥、廊桥、风雨桥、竹板桥、石板桥、开合式桥、溜索桥、三边形拱桥、尖拱桥、圆拱桥、连拱桥、实腹拱桥、坦拱桥、徒拱桥、虹桥、渠道桥、曲桥、纤道桥、十字桥，以及栈道、飞阁等等，几乎应有尽有，什么形式的古桥，在我国都能找到。

◆川西高原海螺沟竹桥

◆千年石板桥

北方中原地区，黄河流域，地势较为平坦，河流水域较少，人们运输物资多赖骡马大车或手推板车。因此，这里的桥梁多为宽坦雄伟的石拱桥和石梁桥，以便于船只从桥下通过；西北和西南地区，山高水急、谷深崖陡，难以砌筑桥墩，因此，多采用藤条、竹索、圆木等山区材料，建造绳索吊桥或伸臂式木梁桥；岭南闽粤沿海地区，盛产质地坚硬的花岗岩石，所以石桥比比皆是；而云南少数民族地区，因竹材丰富，便到处可见别具一格的各式竹材桥梁。从桥梁的风格上看，北方的桥如同北方的人，显得粗犷朴实；南方的桥也同南方的人，显得灵巧轻盈。当然，这跟自然地理也有极大关系，如北方的河流因水流量起伏变化很大，又有山洪冰块冲击，故桥梁必须厚实稳重；而南方河流水势则较平缓，又要便于通航，故桥梁相对较纤细秀丽。

趣谈笑说

大自然造的“天桥”

自然界由于地壳运动或其他自然现象的影响，形成了不少天然的桥梁形式。如浙江天台山横跨瀑布上的石梁桥，江西贵溪因自然侵蚀而成的石拱桥（仙人桥）以及小河边因自然倒下的树干而形成的“独木桥”，或两岸藤萝纠结在一起而构成的天生“悬索桥”等等。

广角镜——桥之最：最壮观的桥

◆金门大桥

最壮观的大桥——金门大桥是1937年开通的，全长约2.7千米，高227米，是世界上最壮观的大桥之一，被视为旧金山的象征。在淘金热的时候，这座桥如同是通往金矿的一扇大门，因此被命名为“金门大桥”。大桥从动土到完工，共花了四年半的时间，超过3500万美元的庞大费用，工程相当浩大。

特殊的桥的样式

桥按结构分为：梁桥、浮桥、索桥和拱桥这四种基本类型。在这些类型之外，还有飞阁和栈道、渠道桥和纤道桥，以及曲桥、鱼沼飞梁和风水桥。

“飞阁”，又称阁道、复道，即天桥。古代宫殿楼阁间的跨通道。《三辅黄图》：“乃于宫（指汉未央宫）西跨城池作飞阁通建章宫，构辇道以上下。”秦汉皇宫楼殿间联以阁道通行，因上下有道，故称复道。秦始皇筑阁道由阿房宫通骊山，人行桥上，车行桥下，堪称中国最早的立交桥。“栈道”，又称栈阁、桥阁，单臂式木梁桥，是在山区陡峭的地方，架木铺成的道路。

◆古代连通楼与楼之间的桥叫阁道

“渠道桥”，既是引水渠道又作行人用的桥梁。也即在桥上砌水渠以引水。如建于金代的山西洪洞县惠远桥，故今山西民间尚有“水上桥、桥上水”的俚语。“纤道桥”，一种为便于拉纤而建造的、与河流平行的带状长桥。多见于浙江境内的运河地区。有的长达一二千米乃至五六千米，如绍兴阮社有一座“百孔官塘”纤道桥，建于清同治年间，桥长380余米，115个跨，桥面用三块条石拼成，底平接水面。

◆“渠道桥”，既是引水渠道又作行人用的桥梁

◆九曲桥

“曲桥”，园林中特有的桥式，故也称园林桥。桥与径、廊均为园林中

游人赏景的通道。“景莫妙于曲”，故园林中桥多做成折角者，如九曲桥，以形成一条来回摆动，左顾右盼的折线，达到延长风景线，扩大景观画面的效果。曲桥一般由石板、栏板构成，石板略高出水面，栏杆低矮，造成与水面似分非分、空间似隔非隔，尤有含蓄无尽之意。

到清末，随着我国第一条铁路的通车，迎来了我国桥梁史上的又一次技术大革命。让火车通过大桥是对桥梁的巨大考验。

广角镜——桥之最：最长的跨海大桥

◆宁波杭州湾跨海大桥

最长的跨海大桥——宁波杭州湾跨海大桥。杭州湾是中国东海的一个海湾，以钱塘潮闻名于世，它的周围星罗棋布地围绕着中国经济最繁荣的一批城市。大桥连接了杭州湾南岸的宁波慈溪和北岸的嘉兴平湖，这使宁波到中国的金融和经济中心上海的路程缩短了 120 千米。同时，这座桥梁也是沟通环渤海、长江、珠江三角洲的沿海大通道，是中国贯穿南北国道主干线中长约 5200 千米的同三线（黑龙江省同江一海南省三亚）上最大的工程。杭州湾水文地质条件复杂。中国的 500 多位专家历时 8 年几十易其稿，最终将大桥的方案确定为高低错落、蜿蜒有序的“S”形，并创下了中国大桥建设的多项中国和世界之最。

终结“手洗时代”——洗衣机

从古到今，洗衣服都是一项难以逃避的家务劳动，而在洗衣机出现以前，对于许多人而言，洗衣服并不像田园诗描绘的那样充满乐趣，手搓、棒击、冲刷、甩打……这些不断重复的简单体力劳动，留给人的感受常常是：辛苦劳累。如今，自动洗衣机已走进寻常百姓家，把人们从繁重的劳动中解放出来。

“手洗时代”的终结者

1858年，一个叫汉密尔顿·史密斯的美国人在匹茨堡制成了世界上第一台洗衣机。该洗衣机的主件是一只圆桶，桶内装有一根带有桨状叶子的直轴。轴是通过摇动和它相连的曲柄转动的。同年，史密斯取得了这台洗衣机的专利权。但这台洗衣机使用起来费力，且损伤衣服，因而没被广泛使用，但这却标志着用机器洗衣时代的开端。

◆最古老的洗衣机

1880年，美国又出现了蒸汽洗衣机，蒸汽动力开始取代人力。蒸汽洗涤是以深层清洁衣物为目的，当少量的水进入蒸汽发生盒并转化为蒸汽后，通过高温喷射分解衣物污渍。蒸汽洗涤快速、彻底，只需要少量的水，还可节约时间，并且具有舒展和熨烫的效果。

万花筒

“手洗时代”的挑战

1874年，美国人比尔·布莱克斯发明了木制手摇洗衣机。布莱克斯的洗衣机构造极为简单，就是在木筒里装上6块叶片，用手柄和齿轮传动，使衣服在筒内翻转，从而达到“净衣”的目的。这套装置的问世，让那些为提高生活效率而冥思苦想的人士大受启发，洗衣机的改进过程开始大大加快。

◆第一台电动洗衣机

1910年，美国的费希尔在芝加哥成功试制出了世界上第一台电动洗衣机。电动洗衣机的问世，标志着人类家务劳动开始进入自动化的时代。

1922年，美国玛塔依格公司改造了洗衣机的洗涤结构，把拖动式改为搅拌式，使洗衣机的结构固定下来，这也就是第一台搅拌式洗衣机的诞生。1932年，美国本德克斯航空公司宣布，他们研制成功了第一台前装式滚筒洗衣机，洗涤、漂洗、脱水在同一个滚筒内完成。这意味着电动洗衣机的形式跃上一个新台阶，朝自动化又前进了一大步！

第一台自动洗衣机于1937年问世。这是一种“前置”式自动洗衣机，靠一根水平的轴带动的缸可容纳4000克的衣服。衣服在注满水的缸内不停地上下翻滚，使之去污除垢。到了20世纪40年代又出现了现代的“上置”式自动洗衣机。

20世纪80年代，“模糊控制”技术的应用使得洗衣机操作更简便，功能也更完备，洗衣程序更随人意，外观造型更为时尚。到了20世纪90年代，由于电机调速技术的提高，洗衣机实现了宽范围的转速变换与调节，诞生了许多新水流洗衣机。之后，随着科技的进一步发展，滚筒洗衣机已经成了大家耳熟能详的产品，相信新型更便于人们使用的洗衣机会给我们的生活带来新的方式。

历史趣闻

洗衣机的三分天下

1955 年，在引进英国喷流式洗衣机的基础之上，日本研制出了独具风格、并流行至今的波轮式洗衣机。至此，波轮式、滚筒式、搅拌式在洗衣机生产领域三分天下的局面初步形成。20 世纪 60 年代的日本出现了带干桶的双桶洗衣机，人们称之为“半自动型洗衣机”。到了 20 世纪 70 年代，又生产出了波轮式套桶全自动洗衣机。

实验——模拟甩干机如何工作

全自动洗衣机一般都有甩干功能，那么它的工作原理是什么呢？

选择一个空容器，例如金属罐头盒（去盖），使用带底的那一半。先用钉子把容器的四周打上许多孔，再在容器靠上沿的部分等距地钻三个孔，以使用软线或皮筋把容器提起来，如图所示。实验时，把湿布放到容器里，并且使整个容器处于质量分布均衡的状态。慢慢地将容器向一个方向转动，使悬线逐渐扭转在一起。突然松手，容器就会迅速旋转，同时发现有水从容器中被甩了出来。这其实是运用了物理中的离心作用。

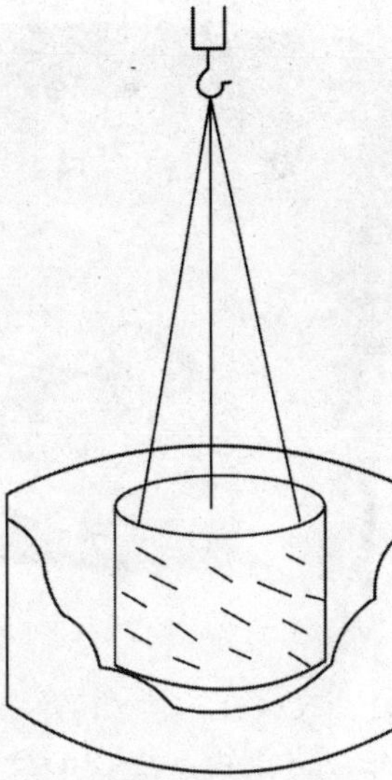

◆实验示意图

多样的洗衣机

1995年以后，洗衣机市场一直是单缸全自动洗衣机称霸天下。然而在全自动洗衣机的功能、品牌都不断发展的今天，仍有一部分人对双缸洗衣机情有独钟。那么这又是什么原因呢？一部分消费者认为全自动洗衣机不耐用，坏了不好修；还有一部分消费者认为全自动洗衣机洗衣服不干净。但是作为第二代改良洗衣机，双缸洗衣机尽管增加了甩干功能，却仍然不能节省人力。洗涤结束后，必须使用手动甩干功能，而且常常出现甩干不彻底，甩干机出故障等等。此外，双缸洗衣机的洗衣桶空间有限，像秋冬穿着的厚重衣物不便于洗涤。

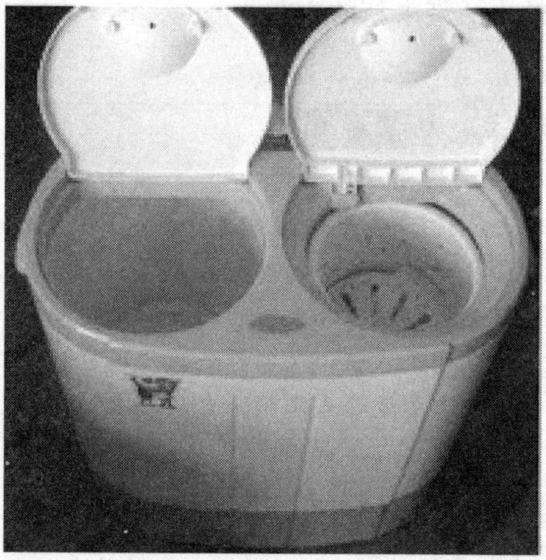
◆双缸洗衣机

全自动洗衣机的发明是洗衣机技术的一次重大革命，设计人员设计的洗衣程序使全自动洗衣机更加智能化。它不仅大大节省了人力，而且还进一步扩大了机洗衣物的范围。羽绒服、羽绒被、面料结实的棉服等等都可省去手洗的麻烦和送到洗衣店干洗的费用，全自动洗衣机可以统统搞定。使用全自动洗衣机洗衣时

◆全自动洗衣机

可以根据衣物的质地、体积，在微电脑控制板上选择合适的水流强弱、时间长短以及水量多少。从问世至今，全自动洗衣机一直都受到消费者的偏爱。

小资料：洗衣机与安全用电

◆三角插座接线情况分别是：上地线、左零线、右火线

2000年实施了新的家用电动洗衣机强制性标准。要求洗衣机的结构和外壳应使使用者无法触及到裸露的带电部件，洗衣机开口处也不应使手指能够触及到内部的布线。

洗衣机的插头为三脚插头，其中地线接到洗衣机的金属外壳（或外壳的金属部分）。使用洗衣机时，需将三脚插头插入三孔插座中，这样，洗衣机的金属外壳（或外壳的金属部分）就接地了。否则，一旦洗衣机发生漏电且人体接触其金属外壳（或外壳的金属部分）时，则电流就几乎全部经过人体，人体就会发生触电事故。因此，无论是三孔插座还是三脚插头，都应该接地线。

记录难忘时刻——照相机

20世纪60年代，如果你有一部老式相机，那回头率是百分之百。而在今天，如果你有一台数码相机，那是极其平常的事。在这半个世纪里，照相机经历了从大变小，从用胶卷到数码摄影摄像，现在流行的恐怕就是拥有一台单反相机，举着长长的镜头，记录下精彩的瞬间。

从针孔成像到神秘黑匣子

◆法国人涅普斯于1826年发明了世界上第一台相机

照相机，是用于摄影的光学器械。被摄景物反射出的光线通过照相镜头（摄景物镜）和控制曝光量的快门后，被摄景物在暗箱内的感光材料上形成潜像，再经冲洗处理（即显影、定影）构成永久性的影像，这种技术称为摄影术。

万花筒

第一张照片

1822年，法国的涅普斯在感光材料上制得了世界上第一张照片，但成像不太清晰，而且需要八个小时的曝光。1826年，他又在涂有感光性沥青的锡基底版上，通过暗箱拍摄了一张照片。

早在公元前400年，墨子所著《墨经》中已有针孔成像的记载；13世纪，在欧洲出现了利用针孔成像原理制成的映像暗箱，人可以走进暗箱观赏映像或描画景物；1550年，意大利的卡尔达诺将双凸透镜置于原来的针孔位置上，映像的效果比暗箱更为明亮清晰；1558年，意大利的巴尔巴罗又在卡尔达诺的装置上加上光圈，使成像清晰度大为提高；1665年，德国僧侣约翰章设计制作了一种小型的可携带的单镜头反光映像暗箱，因为当时没有感光材料，这种暗箱只能用于绘画。

1839年，法国的达盖尔制成了第一台实用的银版照相机。它是由两个木箱组成，把一个木箱插人另一个木箱中进行调焦，用镜头盖作为快门，来控制长达30分钟的曝光时间，以拍摄出清晰的图像。

◆世界上第一台数码相机，由柯达公司生产

1860年，英国的萨顿设计出带有可转动反光镜取景器的原始单镜头反光照相机；1862年，法国的德特里把两只照相机叠在一起，一只取景，一只照相，构成了双镜头照相机的原始形式；1880年，英国的贝克制成了双镜头的反光照相机。

随着感光材料的发展，1871年，出现了用溴化银感光材料涂制的干版；1884年，又出现了用硝酸纤维（赛璐珞）做基片的胶卷。

随着放大技术和微粒胶卷的出现，镜头的质量也相应提高了。1902年，德国的鲁道夫利用赛得尔于1855年建立的三级像差理论，和1881年阿贝研究成功的高折射率低色散光学玻璃，制成了著名的“天塞”镜头，由于各种像差的降低，使得成像质量大为提高。在此基础上，1913年，德国的巴纳克设计制作了使用底片上打有小孔的35毫米胶卷的小型莱卡照相机。

不过这一时期的35毫米胶卷照相机均采用不带测距器的透视式取景器。1930年制成彩色胶卷；1931年，德国的康泰克斯照相机已装有运用三角测距原理的双像重合测距器，提高了调焦准确度，并首先采用了铝合金压铸的机身和金属幕帘快门。

历史故事

照相机技术的飞跃

1935年，出现了第一台单镜头反光照相机；1947年，德国开始生产单镜头反光照相机，使取景器的像左右不再颠倒；1956年，德国首先制成了自动控制曝光量的电眼照相机；1960年以后，照相机开始采用了电子技术，出现了多种自动曝光形式和电子程序快门；1975年以后，照相机的操作开始实现自动化。

讲解——照相机中的光学原理

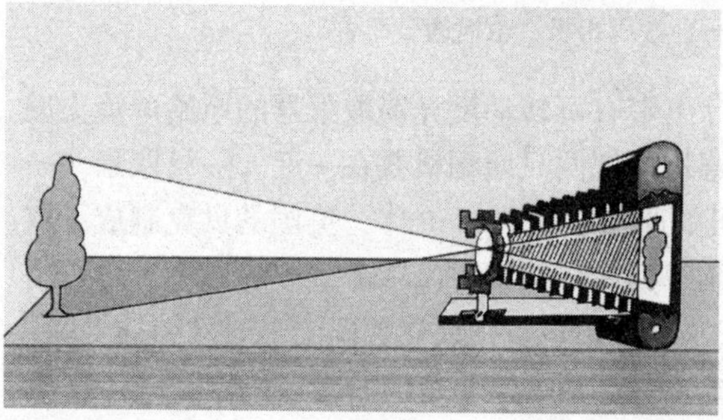

◆照相机成像原理

照相机利用光的直线传播性质和光的折射与反射规律，以光子为载体，把某一瞬间的被摄景物的光信息量，以能量方式经照相镜头传递给感光材料，最终成为可视的影像。

照相机的光学成像系统是按照几何光学原理设计的，并通过镜头，把景物影像通过光线的直线传播、折射或反射准确地聚焦在像平面上。

照相机为什么能留下影像？

摄影时，必须控制合适的曝光量，也就是控制到达感光材料上的合适的光子量。因为银盐感光材料接收光子量的多少有一个限定范围，光子量过少则无法形成潜影核，光子量过多又会导致过曝，造成图像分辨不清。照相机是用光圈改变镜头通光口径大小，来控制单位时间到达感光材料上的光子量，同时通过改变快门的开闭时间来控制曝光时间的长短。

◆通过调节快门大小以及曝光时间，可以控制进入光线的量

要完成整个拍摄过程，照相机大致要具备成像、曝光和辅助三大结构系统。成像系统包括成像镜头、测距调焦、取景系统、附加透镜、滤光镜、效果镜等；曝光系统包括快门机构、光圈机构、测光系统、闪光系统、自拍机构等；辅助系统包括卷片机构、计数机构、倒片机构等。

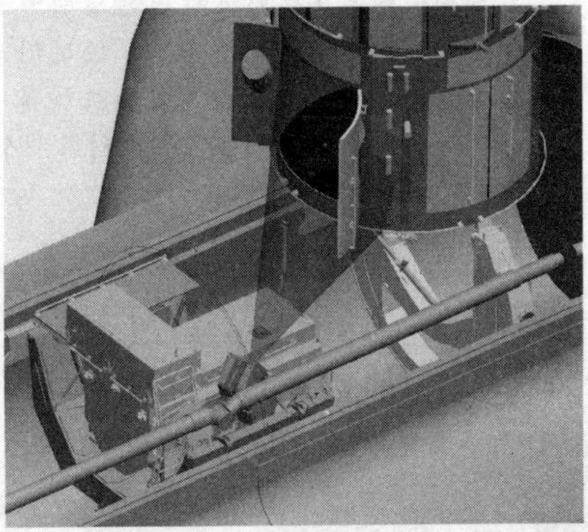

◆照相机内部结构：由镜头传来的光线通过快门，投射到胶卷上

镜头是用以成像的光学系统组件，由一系列光学镜片和镜筒所组成，每个镜头都有焦距和相对口径两个特征数据；取景器是用来选取景物和构图的装置，通过取景器看到的景物，凡能落在画面框内的部分，均能拍摄在胶片上；测距器可以测量出镜头与景物的距离，它常与取景器组合在一起，通过连动机构将测距和镜头调焦联系起来，在测距的同时完成调焦。

光学透视或单镜头反光式取景测距器都须手动操作，并用肉眼判断。此外还有光电测距、声纳测距、红外线测距等方法，由于采用了自动测距，可免除手动操作，又能避免肉眼判断带来的误差。快门是控制曝光量的主要部件，最常见的快门有镜头快门和焦平面快门两类。镜头快门是由一组很薄的金属叶片组成，在主弹簧的作用下，连杆和拨圈的动作使叶片迅速地开启和关闭；焦平面快门是由两组部分重叠的帘幕（前帘和后帘）构成，装在焦平面前方附近。

光圈是限制光束通过的机构，装在镜头中间或后方。光圈能改变通光口径，并与快门一起控制曝光量。

万花筒

照相机如何延时拍照

自拍机构是在摄影过程中起延时作用，以供摄影者自拍的装置。使用自拍机构时，首先释放延时器，经延时后再自动释放快门。自拍机构有机械式和电子式两种，机械式自拍机构是一种齿轮传动的延时机构，一般可延时 8～12 秒；电子式自拍机构利用一个电子延时线路控制快门释放。

链接：电耦合器件——CCD

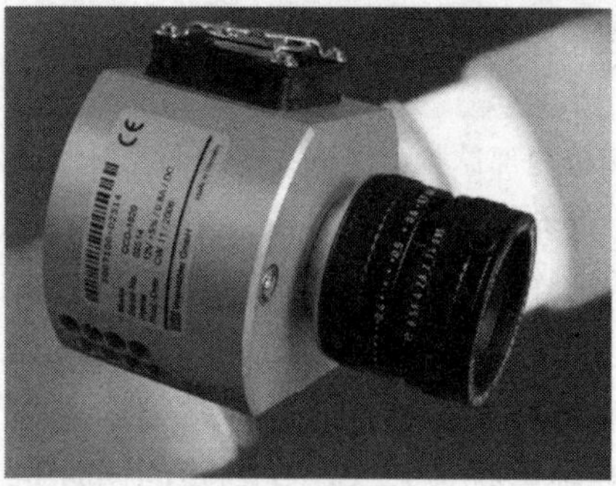
◆CCD 已经非常普遍了

目前数码相机使用的感光器件主要有电荷耦合器件（CCD）、光电倍增管（PMT）。CCD 最突出的特点是以电荷作为信号，其基本功能是电荷存储和电荷转移。因此，CCD 的工作过程主要是电荷的产生、存储、传输和检测。CCD 的体积小、造价低。2009 年诺贝尔物理学奖由高锟、韦拉德·博伊尔和乔治·史密斯三人分享。

威拉德·博伊尔和乔治·史密斯是电荷耦合器件（CCD）图像传感器的发明者，他们的发明如今已被广泛应用于摄像机、照相机等图像采集设备。

数码相机与传统相机的比较

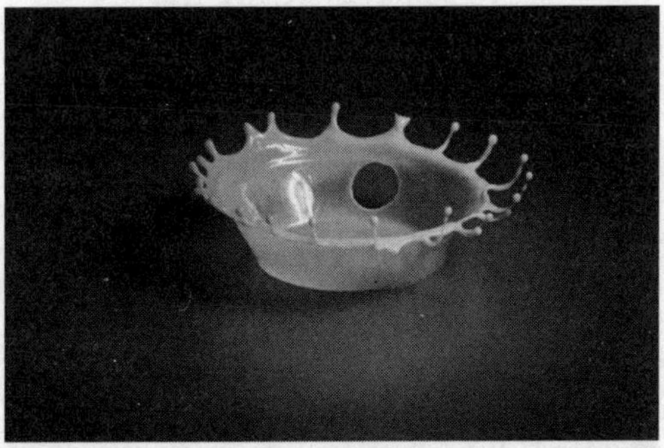

◆先进的数码相机可以拍摄水滴落地的瞬间

从外观和操作功能设置上看，数码相机与传统相机没有很大的差异，但工作原理和实际应用还是有很大的不同。可从以下几个方面来看。

感光载体：传统相机使用的是银盐感光材料——胶卷，胶卷有黑白与彩色及感光高低之分，根据使用的不同，还有负片、反转片等之别，拍摄后要经过冲洗加工才能看到影像，否则无法知道拍摄效果的好坏。感光材料只能一次性使用，且图像效果较难改变。而数码相机不使用胶卷，拍摄效果好坏可以通过相机自身的液晶屏回放直接观看，对不满意的影像可以删除，存储器可以反复使用，拍摄后可由计算机来完成各种处理。

影像质量：传统相机使用的卤化银胶片拍摄，影像质量以每英寸解像度多少作为指标，一般常用感光度 21 定的 35 毫米胶卷解像度为 3000 左右，相当于数码影像2000万像素以上水平。早期的数码相机使用比较好的 CCD 所能达到的像素在 100 到 200 万。那时数码相机拍摄的照片，不论在影像的清晰度、质感、层次、色彩饱和度等方面，都和传统相机有一定的差别。但是，随着数码相机技术的飞快向前发展，在成像质量这一方面突飞猛进，现在家用相机的像素一般为 800 万左右，许多专业数码相机像素

◆精准的拍摄，可以留下精彩的瞬间

已达到了几千万，甚至上亿。

拍摄的敏捷性：传统的相机按下快门即时记录，带有连拍功能的相机，每秒可拍 3～12 张连续影像。而普通的数码相机在按下快门，记录影像要慢约 1 秒钟，这个时间差主要是供相机进行快门时间、聚焦、光圈等一系列的调整，拍摄以后还要进行图像的处理和存储，需要大约 2～5 秒的待机时间才能拍下一张。但数码相机按动快门后液晶屏即可显示所拍的图像，可立即依据影像质量好坏与存储卡容量的大小选择存储、删除或传送。有的数码相机可以支持蓝牙无线技术传输图像影像，我们可以直接有线或无线输入计算机进行数码化处理或者传送，节省时间，便于制作。相比之下传统相机拍摄之后要经过胶片的冲洗、选片、相片冲印后才可获得最后的影像，摄影者只有看过冲洗后的胶片或照片才知道自己是否完成此次拍摄任务。

除此之外，数码相机还具备了很多特有的功能，例如白平衡的调节功能、液晶显示器的取景方式、质量模式的选择功能、后期再加工等功能。

传统的照相机发展已经有百余年历史，卤化银胶片记录影像分辨率极高，画质无以伦比。

综上所述，两种相机各有优势劣势，在相当的一段时间里，两者还将并存，相互不可取代。数码影像的发展只是近几年的事，发展非常迅速，技术逐渐成熟，有广阔的潜力和发展前景，如要达到传统相机记录的影像水平，还有一段路程要走。这里并无评述两种相机的好坏之意，只是说明两者各有其特点，可以根据实际需要来选择。

万花筒

随心所欲的数码照片

传统相机拍摄的影像必须经过暗房冲洗工艺来完成，冲洗工序要求严格且繁琐，非专业人员一般无法进行，相比之下，数码相机拍摄的影像处理起来就方便得多，可直接输入到计算机中处理后打印出来，在计算机强大的功能下，可以对影像进行各种修改或创意处理，以至于改头换面，随心所欲实现各种创作遐想，做到天衣无缝，不会显现任何破绽，这是传统摄影暗房技巧难以做到的。

连续画面讲故事——电影

这个世界有了光，然后有了影。电影是一种能够将光与影的关系把玩得最出神入化的现代发明，它给人们带来了欢乐，带来了思考。电影的发展同时也是科技进步的一大见证。我们经常会在休息的时候谈论奥斯卡最佳影片，电影中的音乐，电影中的影星，电影中的流行等等。不知不觉中，电影已然成为生活中不可缺少的一部分。泡上一杯清茶，蜷缩在沙发中，看着温情的电影，你是否会有一种很享受的感觉：生活因为电影而变得多姿多彩。

悠久的电影发展史

◆皮影戏能否称为中国的古代电影呢

如果要谈电影，就要上溯到我国汉代出现的灯影戏及之后出现的皮影戏。但是，真正意义上的电影，却并非诞生在中国，而是科技发达的近代欧洲。1895 年 12 月 28 日，法国卢米埃尔兄弟在巴黎卡普辛路 14 号咖啡馆正式向社会公映了他们自己摄制的一批纪实短片，标志着电影时代的来临。

1896 年，卢米埃尔兄弟雇用了 20 个助手前往五大洲去放映电影。就这样，电影这种拥有艺术和商品双重价值的文化产品，在西方商人扩大市场商业策略的推动下，传入了中国。中国电影的发展也自此开始。随后，很多欧美商人见中国的电影放映业有利可图，纷纷来华投资。他们经营放映业，修建及发展连锁式影院，甚至在中国建立电影企业，摄制影片。

◆卢米埃尔兄弟的摄像机

自1896年至20世纪20年代，虽然外商在中国电影市场占据了垄断地位，但亦阻止不了我国电影的自身发展。中国电影根植于中国传统戏曲和说唱艺术，并发展出一套独特的电影类型。但是最早尝试拍摄这种电影类型的丰泰照相馆只属小本经营，算不上是电影机构。直至商务印书局“活动电影部”的出现，才真正代表中国电影制片业的开始。在此期间，除了“商务”之外，先后出现的电影制片机构还包括由美商投资的“亚细亚影戏公司”、“幻仙”、“中国”、“上海”、“新亚”等，由于其成员多是来自戏剧舞台，所以当时的电影题材和内容大多源于中国戏曲和文明戏。此外，他们也开始拍摄剧情短片和长片，开始了对电影这种艺术最初步的探索和尝试，也从此拉开了中国电影的序幕。

1923年，“明星”公司因开拍的《孤儿救祖记》在艺术上和票房上同时获得成功而崛起，吸引了大批民族企业家的注意。很多民族资本纷纷投资开办电影公司。他们扭转了以往将电影视为游戏业的观念，认为电影是一种“将要在全世界普及的文化”。据统计，1922～1926年间，全国各地先后开办的电影公司有175家，单上海一地就有145家。这些公司当中，虽然许多都是“一片”公司，有的甚至一部电影也没有拍成。但是众多公司的出现，造就了中国电影的一个“繁盛时期”。

◆1923年的《孤儿救祖记》

万花筒

最早的中国电影

1903 年，在德国的留学生林祝三携带影片和放映机回国，租借北京前门打磨厂天乐茶园放映电影。1905 年，北京丰泰照相馆的任庆泰为了向京剧老旦谭鑫培祝寿，拍摄了一段由他主演的京剧《定军山》的部分场面。这可以算得上是中国最早的电影了。

讲解——电影放映利用“视觉暂留”的原理

◆用一个例子来说明“视觉暂留”原理：在一张卡片上正反两面分别画上一只鸟和一只笼子，快速转动卡片，你就可以感觉到鸟儿似乎在笼子里，这就是视觉暂留造成的

在放映电影的过程中，画面被一幅幅地在银幕上放映。画幅移开时，光线就被遮住，幕上便出现短暂的黑暗；每放映一个画幅后，幕上就黑暗一次。但这一次次的黑暗，被人的视觉生理现象“视觉暂留”所弥补。人眼在观察景物时，光信号传入大脑神经需经过一段短暂时间，光的作用结束时，视觉也不立即消失。残留的视觉称“后像”；视觉的这一现象称为“视觉暂留”。经许多科学家研究确定，视觉暂留时间约为 1/5 秒到 1/30 秒。当电影画面换幅频率达到每秒 15～30 幅之间时，观看者便见不到黑暗的间隔了。因此，电影发明初期，无声电影的标准换幅频率为每秒 16 幅，之后的有声电影则改为每秒 24 幅。

拍摄电影时要用长条胶片，每拍摄一幅画面，暂停刹那，进行曝光，再移动胶片，拍摄下一幅画面，如此逐幅拍摄。经实验研究，当闪烁频率提高到一定数值时，感受器官就来不及反应这一变化，而反应为连续刺激，于是闪烁感就消失了。

划时代的发明——3D电影原理

◆《阿凡达》是创造历史的 3D 电影

1839 年，英国科学家温特斯顿发现了一个奇妙的现象，人的两眼间距约 5 厘米，看任何物体时，两只眼睛的角度不尽相同，即存在两个视角。要证明这点很简单，请举起右手，做“阿弥陀佛”姿势，将拇指紧贴鼻尖，其余四指抵住眉心。闭上左眼，只见手背不见手心；而闭上右眼则恰恰相反。这种细微的角度差别经由视网膜传至大脑里，就能区分出景物的前后远近，进而产生强烈的立体感。这，就是 3D 的秘密——“偏光原理”。3D 电影巧妙地利用了“偏光”。它以人眼观察景物的方法，利用两台并列安置的电影摄影机，分别代表人的左、右眼，同步拍摄出两条略带水平视差的电影画面。放映时，将两条电影影片分别装入左、右电影放映机。当画面投放于电影银幕前，就会形成左、右“细微”的双重影像。特制的偏光眼镜能将左、右“双影”叠合在视网膜上，由大脑神经产生三维立体的视觉效果。

3D电影展现出一幅幅连贯的立体画面，让观众感受到景物扑面而来、“身临其境”的神奇幻觉。

电影中最经典的时尚瞬间

时尚风潮对电影的影响类似桑拿天，无论怎么关紧窗户，湿气也要渗到屋里来，然后粘到身上。反过来，电影对时尚风格的影响则更可爱一点，它们单独的存在，像一颗一颗的小珠子，随手拣起一颗就能激发灵感。

◆1929 年，路易斯·布鲁克斯在德国大师巴布斯特的电影《潘多拉的盒子》中扮演舞女露露，给大家带来了清纯又魅惑的个人商标式齐眉“波波”头。这成了那个年代的代表发型之一，时至今日这个发型依然流行

◆1986 年，在影片《壮志凌云》中，稚嫩的汤姆·克鲁斯穿上利落的飞行员短夹克，那种纯粹的帅和干净的酷，直让服装厂商和美国国防部乐开了花，也直接开启了汤姆·克鲁斯 20 年的巨星征途，成为了那个时代的时尚，每个人都梦想有一件空军短夹克

◆1963 年，旷世巨作《埃及艳后》的亮相给人以惊艳的感觉，电影中大胆的纯色和更加简洁的廓性符合现代人审美，蛇形的眼妆，使美丽的女主角让人印象深刻。她在罗马城出场时那一身辉煌的金色，是人们对电影最豪华的记忆

◆电影《祖与占》中，凯瑟琳以多款宽大的针织衫亮相，特别是她穿着宽大的毛衣，画上小胡子，戴上报童帽，在大街上装模作样向男子借火，和两个倾慕自己的男人一起赛跑，让她自私嬗变的漂流芳心有一种别样的磊落俏皮

拓展思考

1. 你看过电影吗？你知道电影院的银幕为什么是白色的吗？
2. 说说电影的成像原理。
3. 电影除了给人娱乐之外，还有哪些其他用途？
4. 你能说说电影对人们的生活有哪些影响？

足不出户晓天下——电视机

◆这可是电视机界的元老

电视机的出现，使得地球“变小”了，如今真的可以做到“秀才不出门，全知天下事”了。

各种型号、尺寸的电视机满足了我们不同的需求。小的有手表电视，大的有大屏幕电视；双屏幕电视上可以同时收看两个电视台的节目；戴上特制的眼镜后可以在立体电视机上看到立体图像；等离子体显示屏甩开了厚厚的机箱，可以做得像书本一样薄；高清晰度电视的图像能与胶片拍出的电影相媲美……

看电视几乎是大多数人热衷的一种娱乐消遣方式。通过电视我们可以看到各个国家的政治、经济新闻；来自各地的趣闻妙事；精彩的广告以及娱乐信息。如今，没有电视，我们的生活真的很难想象。

打造神秘箱子的第一人

1927年，有一个人在伦敦公开表演了用电来接收从远处传来的一些活动图像。虽然这些图像小而暗淡，而且摇晃不定，但这是人类第一次用电来传递活动图像。这个表演标志着电视的诞生。

这个人就是英国电器工程师——约翰·洛吉·贝尔德。他是研制电视的先驱。他出生在苏格兰海伦斯堡一个牧师的家里，从小就表现出一个发明家的天才。1924年，贝尔德首次用收集到的旧收音器材、霓虹灯管、扫描盘、电热棒和可以间断发电的磁波灯及光电管等，做了一连串试验来传送图像。然而这些试验材料实在太破旧了，以致每次试验都要损坏、更新一些零件。经过上百次的试验后，贝尔德总结了大量的经验。

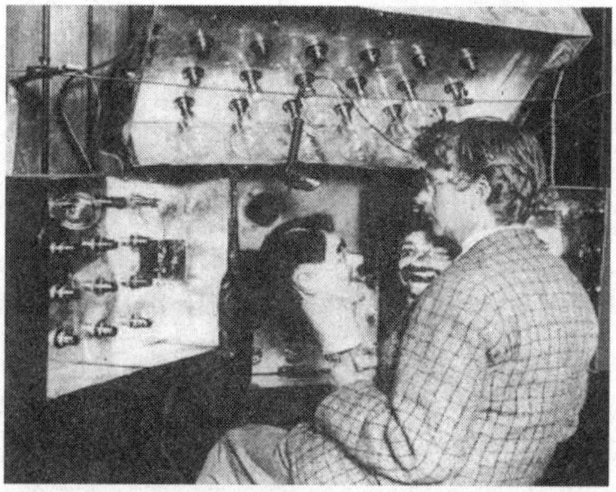

◆工作中的贝尔德

1925 年 10 月 2 日清晨，当贝尔德再一次发动起房间里的机器时，随着马达转速的增加，他终于从另一个房间的映像接收机里，清晰地收到了比尔（一个表演用的玩偶）的脸。贝尔德兴奋异常，他多年的梦想——发明“电视”终于实现了。

◆电视机已经告别笨重时代，越来越薄

如今，贝尔德发明的电视已经发展到了令人惊讶的地步。画面清晰、鲜明的电视机，已成为现实生活中的必需品。1962 年通信卫星被送上太空轨道，各大洲之间的通信，已不再是难事。人们坐在家里，就可以知道世界上每个角落发生的事情，人与人之间在空间和时间上的距离被缩短了。这一切都要感谢贝尔德的发明。

历史故事

略带遗憾的去世

1928 年春，贝尔德研制出彩色立体电视机，成功地把图像传送到大西洋彼岸，成为卫星电视的前奏。一个月后，他又把电波传送到贝伦卡里号邮轮上，使所有的乘客都十分激动和惊讶。然而，就在他想进一步研究新的彩色系统的时候，却突患肺炎于 1946 年不幸去世。

电视机是怎样成像的？

当我们坐在电视机前观看节目时，你是否想过电视的图像和声音是怎样进行传播和接收的呢？电视机的工作原理是什么呢？

带着这个疑问，让我们来了解一下吧！

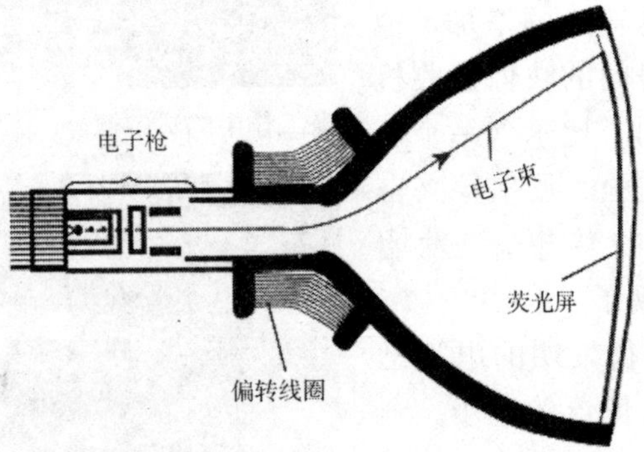

◆显像管

首先看看电视信号是怎样发送的。在信号发射系统中，首先摄像镜头把景物的像投射在摄像管的感光屏幕上，感光屏涂有一层光敏物质。这种光敏物质随在各处收到的光照不同，电阻也就不同。由摄像机将来自景物的光转变为电信号。由此摄像机把图像转变成电信号。而发射机再把电信号加载到频率很高的电磁波上，通过发射天线发射到空中。

在电视接收端，电视接收天线接收到电磁波以后将得到的电信号送到显像管，由电视接收机的显像管把电信号还原成景物的像。显像管内的电子枪发射出的电子束的强弱受电信号的控制，并且用与摄像管内电子枪相同的方式和步调进行扫描。

当电子束射到显像管的荧光屏上时，在屏上便出现了与摄像管屏上相同的像。由于屏上各点的电阻不同，于是就产生了强度不断变化的电流，这个电流叫做视频电流。视频电流包含着一帧图像的所有信息。

这样，我们就能看到电视了。

知识窗

图像的扫描

接收端收到信号后按摄像管的显像方式让电子束在荧光屏上与它同步地扫描，于是在显像管中出现了与摄像管中相同的图像。摄像机可在1秒内传送25帧图像，电视接收机也以相同的速率在荧光屏上显现这些图像。由于画面更换的时间小于眼睛视觉反应，因此我们感觉到的是连续的活动图像。

拓展思考

1. 谁研制出了第一台电视机？

2. 电视机是如何成像的？它的工作原理是什么？

3. 电视信号是如何发射的？

4. 你家使用的是什么电视机？在家长的指导下，打开后盖，看看它的机件是怎样设置的。

能源转换器
——发电机和电动机

电能是现代社会最主要的能源之一。发电机是将其他形式的能源转换成电能的机械设备，它由水轮机、汽轮机、柴油机或其他动力机械驱动，将水流，气流，燃料燃烧或原子核裂变产生的能量转换为机械能传给发电机，再由发电机转换为电能。发电机在工农业生产，国防，科技及日常生活中有广泛的用途。

历史故事——电动机的发明

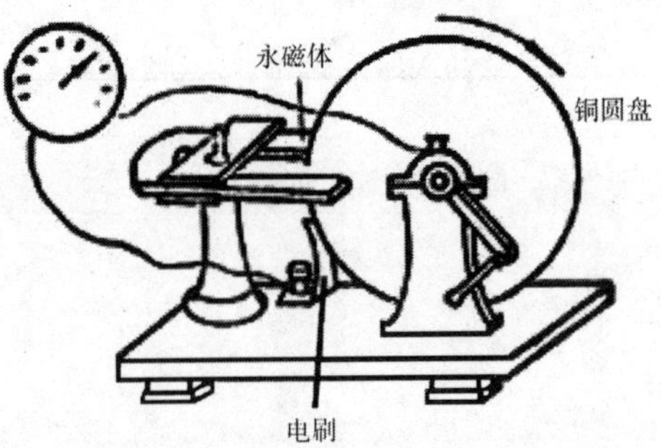

1831年法拉第发现电磁感应定律时，就确信利用此原理肯定能制造出可以实际发电的发电机。根据法拉第发现的启示，法国人皮克希在法拉第发现电磁感应原理的第二年，应用电磁感应原理制成了最初的发电机。这是怎样一种装置呢?

皮克希的发电机是将线圈固定，转动磁铁，可这样转动磁铁不够灵活，同时线圈中的电流比较小。为改变这种情况，他设想将磁场固定，改而转动线圈，同时增加线圈数量，并稍微错开地将变化的电流一起引出的办法，使输出电流的强度变化控制在一定的范围内。

摇动手轮使磁铁旋转时，由于磁力线发生了变化，结果在线圈导线中就产生了电流。每当磁铁旋转半圈时，线圈所对应的磁铁的磁极就改变一次，从而使电流的方向也跟着改变一次。为了改变这种情况，使电流方向保持不变，人们在线圈的两端加装两片相互隔开并成圆筒状的金属片，由线圈引出的两条线头，经弹簧片分别与两个金属片相接触。另外，再用两根导线与两个金属片接触，以引出电流。这个装置，就叫做整流子，在后来的发电机上仍得到应用。

发电机的构造日臻完善，效率也越来越高，但基本原理仍与法拉第的实验一样：包括运动着的闭合导体和磁铁。

一百多年来，相继出现了很多现代的发电形式，有风力发电、水力发电、火力发电、原子能发电、热发电、潮汐发电等等。

万花筒

电磁学领域的伟大成就

电磁感应现象的发现，乃是电磁学领域中最伟大的成就之一。它不仅揭示了电与磁之间的内在联系，而且为电与磁之间的相互转化奠定了实验基础，为人类获取巨大而廉价的电能开辟了道路，在实用上有重大意义。电磁感应现象的发现，标志着一场重大的工业和技术革命的到来。

名人介绍：实验物理学家——法拉第

◆英国著名物理学家迈克尔·法拉第

电学中电容单位叫“法拉”。为什么要以“法拉”为单位？这是为纪念著名的化学家、物理学家法拉第在电学上的巨大贡献。

1824年，法拉第被选入英国皇家学会，次年升任皇家研究院的实验室主任。他经过多年的反复实验，终于在1831年10月17日宣布，可以用永久磁铁产生电流，使磁力转变为电力，这就是有名的电磁感应原理。利用这个原理，他创制出世界上第一台感应发电机。法拉第的座右铭是：“像蜡烛为人照明那样，有一分热，发一分光，忠诚而踏实地为人类伟大事业贡献自己的力量。”的确，他一生中没有一天不在为人类作贡献，直至1867年8月25日，他在工作椅上安然去世。

发电机工作原理

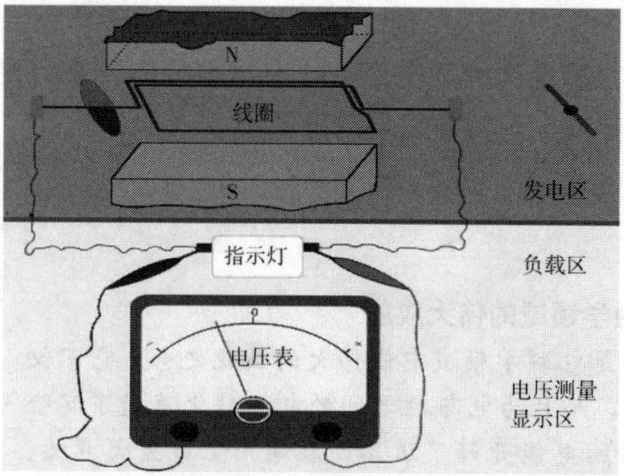

◆导线切割磁力线产生电流演示图

◆大型发电机组

发电机的形式很多，但其工作原理都基于电磁感应定律和电磁力定律。因此，其构造的一般原则是：用适当的导磁和导电材料构成能互相进行电磁感应的磁路和电路，以产生电磁功率，达到能量转换的目的。

发电机通常由定子、转子、端盖及轴承等部件构成。定子由定子铁芯、线包绕组、机座以及固定这些部分的其他结构部件组成。转子由转子铁芯（或磁极、磁轭）绕组、护环、中心环、滑环、风扇及转轴等部件组成。由轴承及端盖将发电机的定子，转子连接组装起来，使转子能在定子中旋转，做切割磁力线的运动，从而产生感应电势，通过接线端子引出，接在回路中，便产生了电流。

发电机可以分为直流发电机和交流发电机，交流发电机还可以分为同步发电机、异步发电机（很少采用）。交流发电机有的为单相发电机，有的为三相发电机。

从发电机的发明开始，人类社会发生了翻天覆地的变化。随着电力的广泛使用，人们相继发明了各种电器产品，其中最具代表性的就是爱迪生发明的电灯。发电机和电动机的广泛使用，掀开了人类历史新的一页，人类社会从此进入了电气化时代。

知识窗

超导发电机

在电力领域，利用超导线圈磁体可以将发电机的磁场强度提高到5万～6万高斯，并且几乎没有能量损失，这种发电机便是交流超导发电机。超导发电机的单机发电容量比常规发电机提高5～10倍，达1万兆瓦，而体积却减少1/2，整机重量减轻1/3，发电效率提高50%。

实验——手摇发电机发电

◆手摇发电机模型

如右图所示，这是一个手摇发电机，它以人手摇动产生的力量为动力，带动线圈切割磁力线，进而产生电流，可以作为户外应急电源使用，曾经用于早期的手摇式军用电话中。

手摇发电机与普通发电机的发电原理没有多少区别，都是线圈在磁场中旋转，只不过动力是人力罢了，人一般功率是0.1～0.2马力，就是约73～150瓦的功率，还不能长时间坚持。因此手摇发电机的功率不会超过100瓦。

电动机发展史

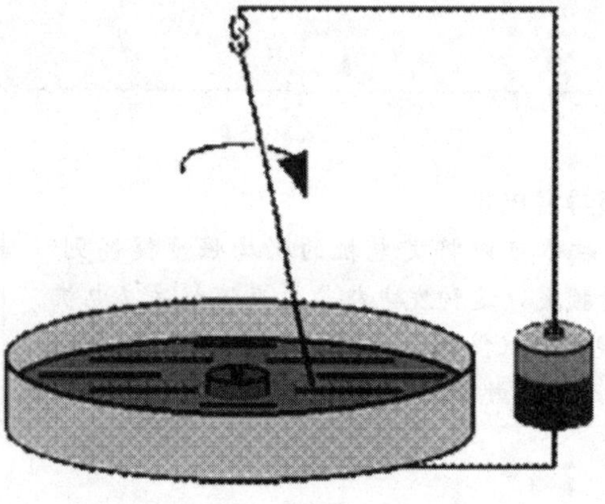

◆法拉第第一次实现了电磁运动向机械运动的转换

电动机模型最早由英国化学家、物理学家沃拉斯通的实验设想得出：如果把可以自由转动的磁棒，放在载流导线的一侧，磁棒将会产生旋转运动。

根据这个设想，1821年法拉第经过研究设计出了电磁旋转器。他利用伏打电池产生源源不断的电流，使一段通电的直导线在水银杯中不停地围绕中央的一根磁铁棒缓慢旋转。后来，他又使一根倾斜的磁铁棒在水银杯中绕固定在杯中央的直导线旋转，从而做成了人类历史上最早的电动机。

◆早期的电动机

继法拉第在1821年发明最初的直流电动机的实验装置后，有不少人对电动机进行了类似的实验研究。其中成就最为卓著的是在革新电磁铁方面做出过重要贡献的美国电学家亨利。

亨利在1829年革新成功新的电磁铁之后，开始致力于电动机的研究。1831年，亨利试制出了一台电动机的实验模型。亨利的电动机虽然只是一种实验装置，但由于他的装置中应用了电磁铁，因而它所产生的磁能较大，因此产生的动能也就比法拉第的装置所产生的动能要大得多。

亨利试制成功第一台电动机的实验模型之后，人们试图把这种电动机的实验模型转变成可供实用的电动机。1834 年，雅可比以亨利的电动机实验模型为基础，对这种实验模型作了一些重要革新。把亨利模型中的水平电磁铁改为转动的电枢，加装了脉动转矩和换向器，从而使电动机完成了从实验模型到实用电动机的转化。

知识窗

电动机知多少

电动机主要由定子与转子组成。电动机按使用电源不同分为直流电动机和交流电动机，可以是同步电机或者是异步电机（电机定子磁场转速与转子旋转转速不保持同步速）。通电导线在磁场中受力运动的方向跟电流方向和磁感线（磁场）方向有关。

名人介绍：宽宏大量的亨利

◆美国物理学家约瑟夫·亨利

美国物理学家亨利和法拉第同时作出电磁感应的伟大发现，1830 年 8 月，亨利在实验中已经观察到了电磁感应现象，这比法拉第发现电磁感应现象早一年。但是当时亨利正在集中精力制作更大的电磁铁，没有及时发表这一实验成果，也没有及时去申请专利，失去了发明权。可是亨利从不计较个人名利，他认为知识应该为全世界人类所共享，从未与法拉第争过发现权，仍然专心致志地献身于科学事业。亨利的高尚品德受到世人的称赞。即使最后，人们还是将电磁感应现象的发现归功于法拉第。特别值得一提的是，亨利实验装置比法拉第感应线圈更接近于现代通用的变压器。

探索思考——电动机的原理

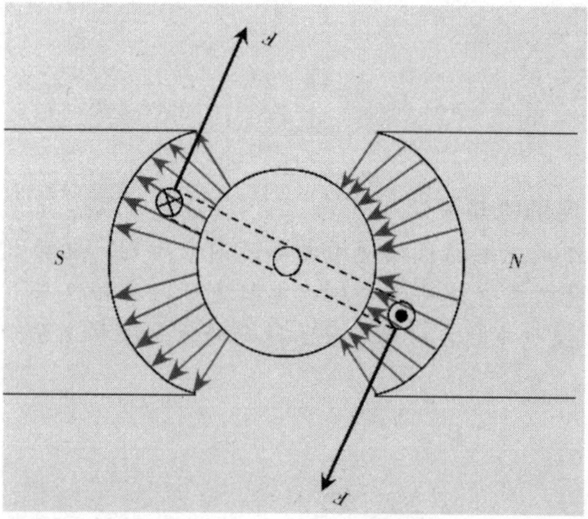

◆直流电动机原理图

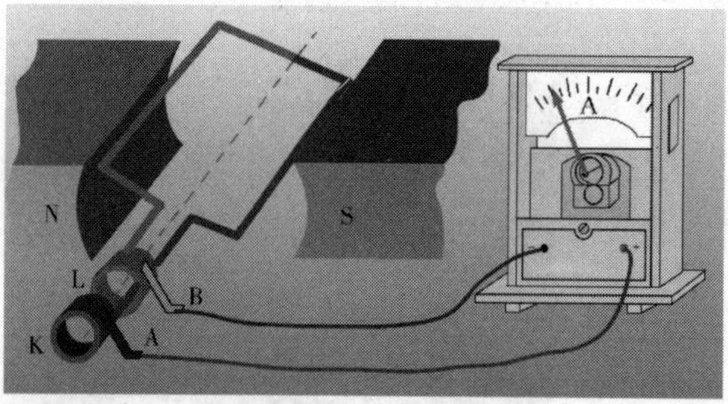

◆任意时刻交流发电机的工作示意图

利用电动机可以把发电机所产生的大量电能转化成机械能或其他的能量，应用到生产实践中去。电动机构造和发电机基本上一样，原理却正好相反，电动机是通电于转子线圈以引起运动，而发电机则是借转子在磁场中之运动产生电流。为了获得强大的磁场，不论电动机还是发电机，都利用电磁铁。电动机因输入的电流不同，可分为直流电动机与交流电动机。

直流电动机——用直流电流来转动的电动机。因磁场电路与电枢电路连结之方式不同，又可分为串激电动机、分激电动机、复激电动机。

交流电动机——用交流电流来转动的电动机。交流电动机种类较多，主要有：整流电动机、同步电动机、感应电动机。

直流电动机的运动恰与直流发电机相反。在发电机里，感应电流是由感应电动势形成的，所以它们是同方向的。而在电动机里，由外电源供给的感应电动势的电流方向和电枢电流方向相反。

交流电动机中的感应电动机，其强大的感应电流（涡流）产生于转动磁场中，转子上的铜棒对磁力线的连续切割，根据楞次定律，此感应电流有反抗磁场与转子发生相对运动的效应，故转子乃随磁场而转动。不过此转子转动速度没有磁场变换之速度高，否则磁力线将不能为铜棒所切割。

原理介绍

楞次定律

楞次定律是一条重要的电磁学定律，从电磁感应可得出感应电动势的方向。它是由俄国物理学家海因里希·楞次在1834年发现的。楞次定律是能量守恒定律在电磁感应现象中的具体体现。楞次定律还可表述为：感应电流的效果总是反抗引起感应电流的原因。

动动手——如何制作一个最简单的电动机！

◆步骤一

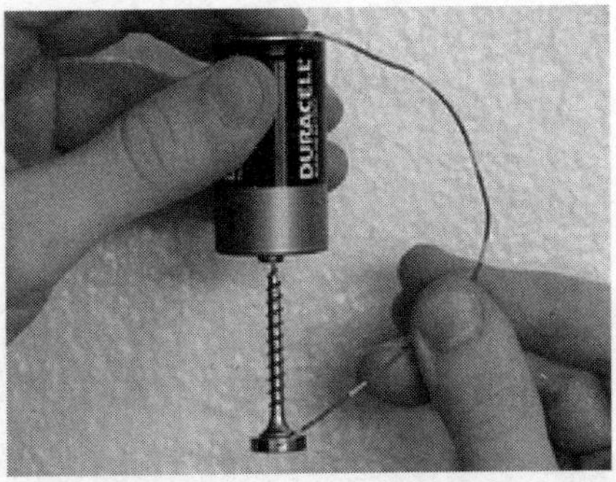

◆步骤二

一根铁钉，一颗电池，一条电线，一个纽扣磁铁（建议用耳机上的钕磁铁），只要你用上面这些东西，30秒就能做一个世界上最简单的电动机。

先把铁钉和磁铁连起来，并把它一头吸在电池的一极上，正负都可以，只是最后旋转的方向相反而已。然后要用电线把电池和铁钉尾段的磁铁连接起来，即慢慢地用电线碰几下磁铁，铁钉就开始加速旋转。据测量只要15秒就可以使铁钉加速到每分钟1万转！（需垂直放置，建议磁铁大一点，重量抵消磁力后，可以使铁钉和电池接触点的摩擦力最小化）

拓展思考

1. 电动机是由谁发明的？电动机的原理是什么？
2. 你能说出几种电动机的用途吗？
3. 发电机的工作原理是什么？现在有哪些常见的发电机种类？
4. 按照上面小实验的内容，动手做一个小电动机吧。

远在天边能聊天
——电话和手机

电话是个好东西。如果见不到一个人，而却又偏想和他说话儿，那么只要拿起随便哪一部电话，拨一串早已熟记于心的号码，就可以听到他的声音，这实在是件幸福而奇妙的事情。相距再远的两个人，也能靠一根电话线谈天说地，一旦拿起电话，就不会觉得他那么遥远，好像就在触手可及的地方。

◆小时候你有没有做过“打电话游戏”

历史故事——电话机的发展史

磁石电话机是世界上最早投入使用的电话机。磁石电话机是由微型发电机和电池构成的，需要打电话前用手发动磁石发电机先叫交换人以后才能传呼对方。纵观它100多年的发展历史，除去制作材料的不同，有木质、铜质、铸铁、不锈钢及胶木等，类型有墙式机、台式机和便携式机几大类，根据手摇发电机的摇柄所处的位置不同还可以分为两个大类：一类是我们常见的——摇柄在话机右侧；另一类则是我们不常见的——摇柄置

◆需要用手摇的磁石电话机

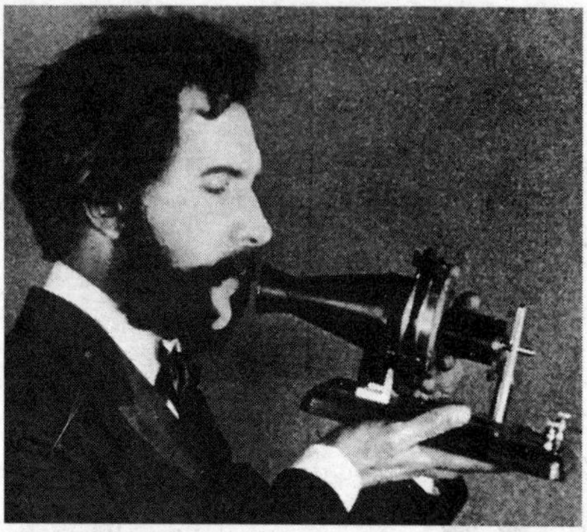

◆电话发明人——贝尔

于话机前面中央处。

1877 年，爱迪生发明了碳素送话器和诱导线路后，通话距离延长了。同一年，他又发明了共电式电话机。1891 年，美国企业家斯特劳格发明了自动式电话机。

不过，在贝尔之前，还有一位发明家曾为研制电话机做出过不小的贡献，他就是莱斯。莱斯研究过一种传声装置，能用电流传送音乐，但无法使人们相互交谈。莱斯研究过的这种传声装置之所以不实用，一个至关重要的原因是这种装置里的一颗螺丝钉往里少拧了 1/2 圈——大约 0.5 毫米。

贝尔在莱斯研究的基础上，一方面采取了新措施，例如不使用间断的交流电，改为使用连续的直流电，从而解决了传送时间短促、讲话声音多变等问题。另一方面将莱斯装置里的那颗螺丝钉往里拧了 1/2 圈。莱斯的疏忽被贝尔发现并纠正了，奇迹也随之出现：不能通话的莱斯装置神话般地变成了实用的电话机。失之毫厘，谬以千里。成败只差半毫米啊！

贝尔的改进使莱斯目瞪口呆。莱斯感慨万千地说："我在离成功 0.5 毫米的地方灰心了，我将终生记住这个教训。"

历史典故

我听到贝尔在叫我！

1876 年 3 月 10 日，贝尔通过送话机喊道："沃森先生，请过来！我有事找你！"

在实验室里的沃森助手听到召唤，像发疯一样，跃出实验室，奔向贝尔喊话的寝室去。他一路大叫着："我听到了贝尔在叫我！我听到了贝尔在叫我！"……

这样，人类有了最初的电话，掀开了一页崭新的交往史。1877 年，第一份用电话发出的新闻电讯稿被发送到波士顿《世界报》，标志着电话为公众所采用。1878 年，贝尔电话公司正式成立。

广角镜——既闻其声又见其人的可视电话

◆可视电话可以把全世界的人联系在一起

可视电话业务是一种点到点的视频通信业务，它能利用电话网双向实时传输通话双方的图像和语音信号。由于可视电话能收到面对面交流的效果，实现人们通话时既闻其声、又见其人的梦想。

早在20世纪50～60年代就有人提出可视电话的概念，认为应该利用电话线传输语音的同时传输图像。1964年，美国贝尔实验室正式提出可视电话的相关方案。但是，由于传统网络和通信技术条件的限制，可视电话一直没有取得实质性进展。直到20世纪80年代后期，随着芯片技术、传输技术、数字通信、视频编解码技术和集成电路技术不断发展并日趋成熟，适合商用和民用的可视电话才得以浮出水面，走向人们的视野。

原理透析——电话机工作原理

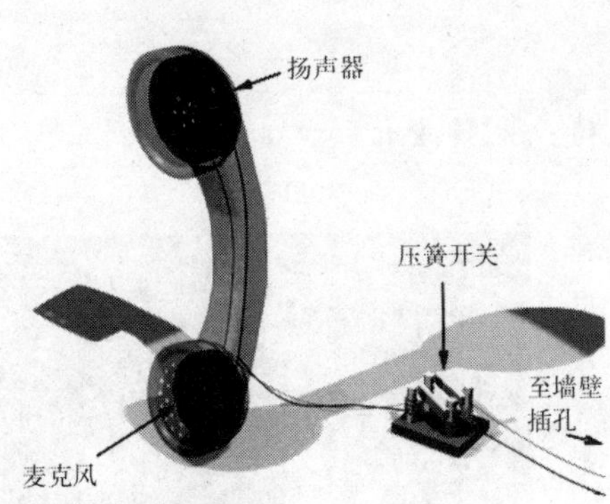

◆电话机的内部结构

电话机的功能由五大功能部件完成：送受话器，叉簧，拨号，振铃，电话回路。

送话器是一个装着碳粒的小盒子，小盒子的后面有一个固定电极，前面有个振动膜，当对着送话器讲话时，振动膜随声音的大小变化做幅度不等的振动，使碳粒时而压紧（电阻减小），时而放松（电阻增大），从而使两个电极之间的

◆电话机听筒的内部结构

电流也跟着变化，使得声音大小的变化转变成为适合在电路上进行传输的电信号的强弱变化。

受话器的主体是一个绕有线圈的永久磁铁，对方传来的话音电流通过线圈产生一个磁场，吸引磁铁前面的薄铁片产生振动，发出声音，振动的大小决定电流的大小，进而还原成不同的声音信号。

打电话时，第一个动作是摘机，这时，电话机上承载送受话器的部分（叉簧）就会弹起来，使电话机与交换机之间的电路联通，如此时交换机有空，便向电话机送去一个连续的拨号音，表明可以拨号了。

> 电信局的交换机是通过你拨的电话号码去找到你要打的那个电话，替你接通。电话号码是唯一的，不会重复，所以电话不会接错。

电话机拨号时，不论是揿键式还是旋转式，送出去的是直流脉冲或双音频信号，它的作用是控制电话局里的交换机，让它去完成主叫用户和被叫用户之间的连接。若被叫电话空闲，交换机便向他发送一个振铃电流，使对方的电话机响铃。

广角镜——突破电话线的束缚：无绳电话

无绳电话是一种自动电话单机。这种电话单机由主机和子机两部分组成。使用时，将主机接入有线电话网，用户可离开主机几十米远，利用子机收听和拨叫电话。这种电话单机的主机与子机之间是通过无线电连接的，其间通话内容都将暴露于空中，如使用不慎，会造成空中泄密。所以使用时要充分注意。

◆方便的无绳电话机

无绳电话机实质上是全双工无线电台与有线市话系统及逻辑控制电路的有机组合，它能在有效的场强空间内通过无线电波媒介，实现主机与子机之间的“无绳”联系。

历史回顾——手机的发展历史

2004年2月，中国手机用户达到2.823亿，全球手机用户更是达到13.54亿。手机已成为人们必不可少的通信工具。下面让我们来看看手机的发展史，让我们更清楚地了解信息交流和沟通技术演进的步伐。

◆第一代手机被称为“大哥大”

第一代手机（也称为1G）是指模拟的移动电话，也就是在20世纪80～90年代香港美国等影视作品中出现的大哥大。

最先研制出大哥大的是美国摩托罗拉公司的库珀博士。由于受当时的电池容量限制和模拟调制技术需要硕大的天线以及集成电路等制约，这种手机外表四四方方，只能称为可移动算不上便携。很多人称这种手机为“砖头”或是“黑金刚”等。

◆可以视频的3G手机

这种手机有多种制式，如 NMT、AMPS、TACS，但是基本上使用频分复用方式只能进行语音通信，收讯效果不稳定，且保密性不足，无线带宽利用不充分。此种手机类似于简单的无线电双工电台，通话是锁定在某一特定频率，所以使用可调频电台就可以窃听通话。

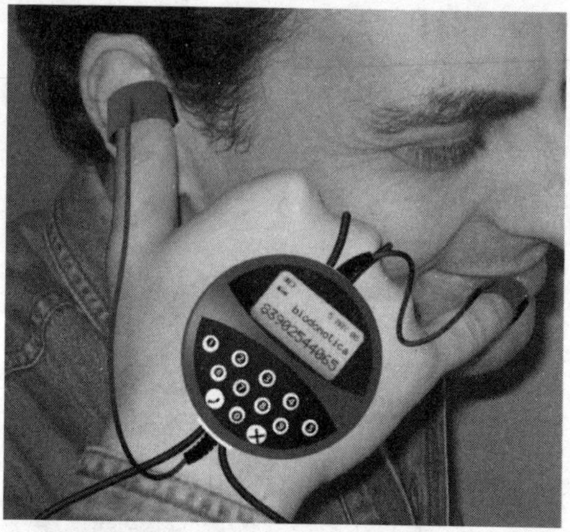

◆未来概念手机

第二代手机（也称 2G）也是最常见的手机。通常这些手机使用 PHS，GSM 或者 CDMA 这些十分成熟的标准，具有稳定的通话质量和合适的待机时间。在第二代中为了适应数据通信的需求，一些中间标准也在手机上得到支持，例如支持彩信业务的 GPRS 和上网业务的 WAP 服务，以及各式各样的 Java 程序等。

3G，是英文 3rd Generation 的缩写，指第三代移动通信技术。相对第一代模拟制式手机和第二代数字手机，第三代手机是指将无线通信与互联网等多媒体通信结合的新一代移动通信系统。它能够处理图像、音乐、视频流等多种媒体形式，提供包括网页浏览、电话会议、电子商务等多种信息服务。为了提供这种服务，无线网络必须能够支持不同的数据传输速度，也就是说在室内、室外和行车的环境中能够分别支持至少 2 兆字节/秒、384 千字节/秒以及 144 千字节/秒的传输速度。

3G技术结合了互联网，通过采用宽带射频信道、提高码片速率等实现高速传输。因此，在3G时代，手机上网形成热潮。

未来的手机将偏重于安全和数据通信。一方面加强个人隐私的保护，另一方面加强数据业务的研发，更多的多媒体功能被引入，手机将会具有更加强劲的运算能力，成为个人的信息终端，而不是仅仅具有通话和文字消息的功能。手机将会更加智能化，微型化，安全化，多功能化。

知识窗

CDMA和GSM

CDMA是在无线通信时使用的技术，允许所有的使用者同时使用全部频带，并且把其他使用者发出的信号视为杂讯，完全不必考虑到信号碰撞的问题。

GSM为全球移动通信系统，俗称“全球通”，它的开发目的是让全球各地共同使用一个移动电话网络标准，让用户凭着使用一部手机就能行遍全球。

讲解——原理透析：手机基本原理

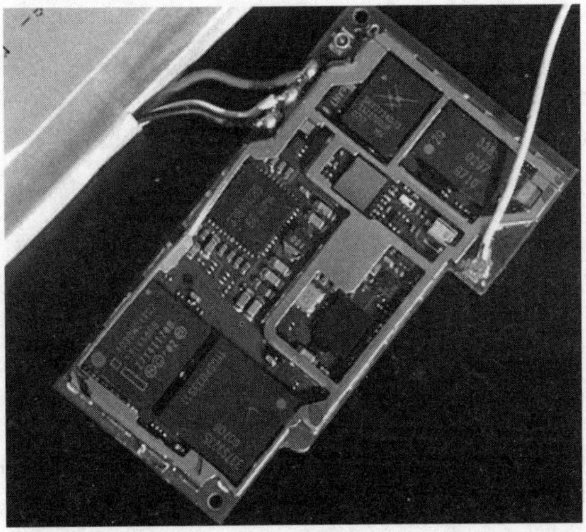

◆手机内部结构

说了手机的发展历史，下面我们来看看手机的基本原理。

手机—手机通信不需要借助固定电话系统（即电信局）。

手机—固话通信，需要借助固定电话系统。其通信过程就是使用手机把语言信号传输到移动通信网络中，再由移动通信网络将语言信号变成电磁频谱，通过通信卫星辐射漫游传送到受话人的电信网络中，受话人的通信设备接收到无线电磁波，转换成语言信号接通通信网络。

因此，手机通信是一个开放的电子通信系统，只要有相应的接收设备，就能够在任何时间、任何地点截获，接收任何人的通话信息。

拓展思考

1. 你家有电话机吗？世界上最早投入使用的电话机是什么电话机？
2. 电话机的发展经历了哪些阶段？最新的电话机是什么？
3. 手机是哪位科学家发明的？
4. 手机有辐射吗？这种辐射对人体有伤害吗？

酷暑严寒都不怕——空调

在炎炎夏日，最惬意的要数在凉风习习的房间里吹着空调，科技的发达给人类带来了许多享受。20年前，人们只能靠芭蕉扇或是电风扇避暑，而现在，任凭外面气温如何高，空调带给了我们无限凉爽。感谢生活，感谢科技！

空调的发明史

1902年7月17日，从康奈尔大学毕业一年的年轻人威利斯·哈维兰德·卡里尔，在“水牛公司”工作时，发明了冷气机。但最初发明冷气机的目的，并不是为人们带来舒适的生活环境，而是为一家印刷厂服务的。

◆ “空调之父”——威利斯·哈维兰德·卡里尔

当年，水牛公司的一个客户——纽约市沙克特威廉印刷厂，它的印刷机由于空气的温度及湿度变化，使纸张扩张及收缩不定，油墨对位不准，无法生产清晰的彩色印刷品。于是他们求助于水牛公司。卡里尔心想，既然可以利用空气通过充满蒸汽的管路来保暖，何不让空气经过充满冷水的管路来降温？空气中的水会凝结于管路上，如此一来，工厂里的空气将会既凉爽又干燥。

但说到空调的普及，则主要是通过电影院成事的。大多数美国人是在电影院第一次接触到空调的。20 世纪 20 年代的电影院利用空调技术，承诺能为观众提供凉爽的空气，使空调变得和电影本身一样吸引人，而夏季也取代了冬季，成为看电影的高峰季节。随后出现了大量全年开放的室内娱乐场所，如赌场、室内运动场和商场，这些都得归功于空调的出现。

历史趣闻

从对机器到人的转变

1915 年，卡里尔成立了一家公司，至今它仍是世界上最大的空调公司之一。但空调发明后的 20 年，享受的一直都是机器，而不是人。直到 1924 年，底特律的一家商场，常因天气闷热而有不少人晕倒，因而首先安装了三台中央空调，此举大获成功，凉快的环境使得人们的消费欲大增。自此，空调成为商家吸引顾客的有力工具，空调为人们服务的时代，正式来临了。

广角镜——防止空调病

◆夏季防止空调病

夏季气温高，人若长时间呆在低温环境里，导致人体皮肤血管收缩，汗腺停止分泌，腹腔内血管收缩，胃肠运动减弱，头晕、发热、盗汗、身体发虚、关节酸痛、手脚麻木，这就是俗称的“空调病”，它还可影响卵巢功能，使排卵发生障碍，月经失调。“空调病”的致病因素除了冷之因素外，还因为门窗密闭，缺少新鲜空气，空调房内、外气温相差过大，致病菌容易在空调房内寄宿、生长繁殖。

空调的工作原理

◆压缩机是空调制冷的核心

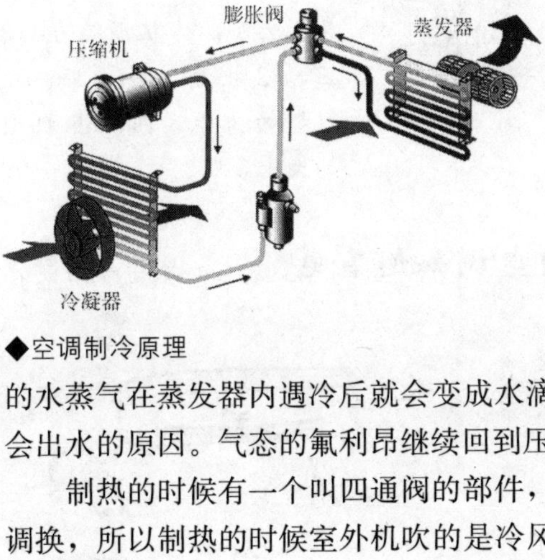

◆空调制冷原理

空调的制冷原理是这样的，压缩机将气态的氟利昂压缩为高温高压的液态氟利昂，然后送到冷凝器（室外机）散热后成为常温高压的液态氟利昂，所以室外机吹出来的是热风。

液态氟利昂先到毛细管，再进入蒸发器（室内机），由于氟利昂从毛细管到达蒸发器后空间突然增大，压力减小，液态的氟利昂就会气化，变成低温的气态氟利昂，从而吸收大量的热量，蒸发器就会变冷，室内机的风扇将室内的空气从蒸发器中吹过，所以室内机吹出来的就是冷风；空气中的水蒸气在蒸发器内遇冷后就会变成水滴，顺着水管流出去，这就是空调会出水的原因。气态的氟利昂继续回到压缩机内压缩、循环。

制热的时候有一个叫四通阀的部件，将冷凝器和蒸发器的管道进行了调换，所以制热的时候室外机吹的是冷风，室内机吹的是热风，与制冷时刚好相反。

空调器按外形分类可分为窗式、分体挂壁式、分体立柜式、吊顶式、嵌入式、小型中央空调等。按照功能分类一般分为单冷式、冷暖式、电辅助加热式等。

其实空调用的是物理中学到的液化（由气态变为液态）时要排出热量和气化（由液态变为气态）时要吸收热量的原理。

链接：什么是空调的“匹数”？

◆必须选择合适功率的空调

空调的匹数指的是电器消耗功率，1 匹＝1 马力＝735W。空调是多少匹，是根据空调消耗的功率估算出空调的制冷量。一般来说，习惯用 1 匹等于 2500W 的制冷量（也就是 25 机型），1.5 匹约等于 3500W 的制冷量（也就是 35 机型）。26 机型约为 1.1 匹，27 机型为 1.2 匹，28 机型约为 1.3 匹，32 机型为 1.4 匹；33 机型约为 1.5 匹，36 机型为大 1.5 匹。

夏季使用空调如何省电

夏季居民用电量大，多因空调的使用，空调省电可以说是家电节能的一个重要方面。专家提出，在用电高峰，如果把空调在习惯温度的基础上调高 1℃，可节约 10%的电力负荷；使用空调的睡眠功能可以节电 20%。如果一家拥有 300 个房间的宾馆空调温度都调高 1℃，将解决几十户人家的用电问题。从“耗电大户”空调入手节约用电，在节约能源的同

◆夏天将温度开高 1℃，可以省许多电

◆开空调时要注意关好门窗

时，也节约了电费开支。科学实验证明，使人体感觉舒适的室内温度，夏季在24℃～28℃，冬季在18℃～22℃。而在空气相对湿度为50%、温度为25℃时，人体感觉是最舒适的。

首先，宜选择制冷功率适中的空调。一台制冷功率不足的空调，不仅不能提供足够的制冷效果，而且由于长时间不间断地运转，还会减短空调的使用寿命，增加空调出故障的可能性。那么选择制冷功率大的空调就一定会更好吗？其实也不是。据介绍，如果空调的制冷功率过大，就会使空调的恒温器过于频繁地开关，从而导致对空调压缩机的磨损加大；同时，也会造成空调耗电量的增加。

其次，开空调时宜关闭门窗。空调房间不要频频开门，以减少热空气渗入。对于有换气功能的空调和窗式空调，在室内无异味的情况下，可以不开风门换气，这样可以节省5%～8%的能量。

万花筒

切莫贪图低温

空调温度设定适当即可，因为空调在制冷时，设定温度调高2℃，就可节电20%。专家表示，对于静坐或正在进行轻度劳动的人来说，室内可以接受的温度一般在27℃～28℃之间，所以这个时候，可以将空调设定为睡眠档，这样也可以节省用电。

链接：什么是“变频空调”？

在电压为220伏、频率为50赫兹的条件下工作的空调称之为“定频空调”。定频空调的压缩机转速基本不变，依靠其不断地“开、停”压缩机来调整室内温

◆变频空调

度，其一开一停之间容易造成室温忽冷忽热，并消耗较多电能。"变频空调"的变频器可改变压缩机供电频率，调节压缩机转速。依靠压缩机转速的快慢达到控制室温的目的，因而室温波动小、电能消耗少，其舒适度大大提高。运用变频控制技术的变频空调，可根据环境温度自动选择制热、制冷和除湿运转方式，使居室在短时间内迅速达到所需要的温度并在低转速、低能耗状态下以较小的温差波动，实现了快速、节能和舒适控温效果。

拓展思考

1. 你家里有空调吗？你知道它的功率吗？
2. 你能说说空调是如何制冷的吗？
3. 使用空调如何省电？如何预防空调病？
4. 什么是变频空调？它和普通空调有什么区别？

天赐无尽能源
——太阳能电池

太阳能的利用在目前技术水平下分两大类：太阳能转换为热能和太阳能转换为电能。太阳能转化为热能是技术上最成熟的一种。太阳能具有取之不尽、用之不竭、清洁卫生等特点，对它的利用关键在于如何使分散的随季节气候而变化的太阳能集中稳定地提供能量。太阳能不仅是古老的能源，也是一种理想的未来能源。

太阳能光伏发电最核心的器件是太阳能电池。而太阳能电池已经经过了160多年漫长的发展历史。从总的发展来看，基础研究和技术进步都起到了积极推进的作用，至今为止，太阳能电池的基本结构和机理没有发生改变。

太阳能电池是把太阳能转化为电能的装置。一般的太阳能电池是用半导体材料制成的。最早制造成的太阳能电池是在单晶硅的小片上掺进一薄

◆太阳能可以直接被人利用，但它必须能被储存起来在阴天的时候用

层硼，从而得到 PN 结。当日光照射到薄层上时，PN 结两侧就形成电势差。因而从某种意义上讲，一个太阳能电池就是一个光电二极管。

认识太阳能电池

◆多晶硅太阳能电池

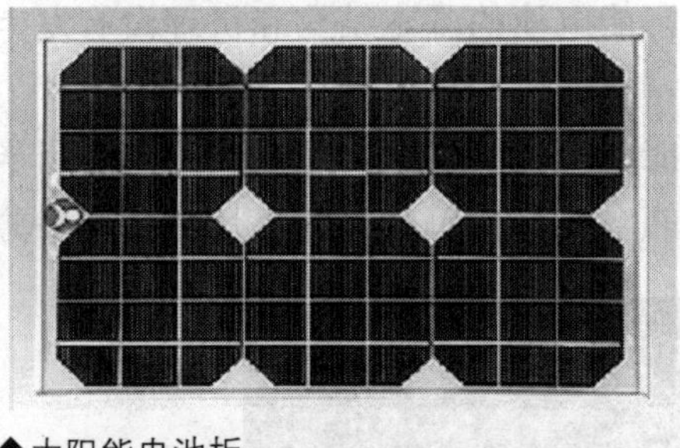

◆太阳能电池板

太阳能电池系一种利用太阳光直接发电的光电半导体薄片，它只要一照到光，瞬间就可输出电压及电流。而此种太阳能光电池（solar cell）简称为太阳能电池。单晶硅太阳能电池因其电转化率高，制造工艺成熟，可靠性好而首先被用于卫星等航天器。除单晶硅太阳能电池，还有其他类型的太阳能电池。其他类型太阳能电池又可分为薄膜太阳能电池和非薄膜太阳能电池。薄膜太阳能电池中，目前最有前景的是非晶硅太阳能电池，它对太阳光具有强烈的吸收能力，且只需 1 微米厚的非晶硅薄膜就足够了，这只相当于单晶硅太阳能电池所需硅片厚度的1/300。非薄膜太阳能电池中，较有前途的是砷化镓太阳能电池，它的光电转化率较高，而且能在较高温度下工作。

以光电效应工作的薄膜式太阳能电池为主流，而以光化学效应工作的太阳能电池则还处于萌芽阶段。

太阳能电池是通过光电效应或者光化学效应直接把光能转化成电能的装置。

链接：染料敏化纳米晶太阳能电池

◆染料敏化太阳电池和树叶很相似

20世纪90年代初，染料敏化纳米晶太阳能电池初露峥嵘，其光电转换效率达7.1%～7.9%，开创了太阳能电池研究和发展的全新领域。随后迈克尔·格莱才尔和同伴开发出了光电能量转换效率达10%～11%的染料敏化纳米晶太阳能电池。目前，在标准条件下，染料敏化太阳能电池的能量转化效率已达到11.2%，且价格相对低廉，制作工艺简单，拥有潜在的高光电转换效率，所以极有可能取代传统硅系太阳能电池，成为未来太阳能电池的主导。

太阳能电池发电原理

太阳能电池发电的原理主要是半导体的光电效应，一般的半导体主要结构如下：

硅晶体中可掺入其他的杂质，如硼、磷等。当掺入硼时，硅晶体中就会存在着一个空穴，它的形成如下：正电荷表示硅原子，负电荷表示围绕在硅原子周围的四个电子。因为硼原子周围只有3个电子，所以就会产生空穴，这个空穴因为没有电子而变得很不稳定，容易吸收电子而中和，形成N型半导体。

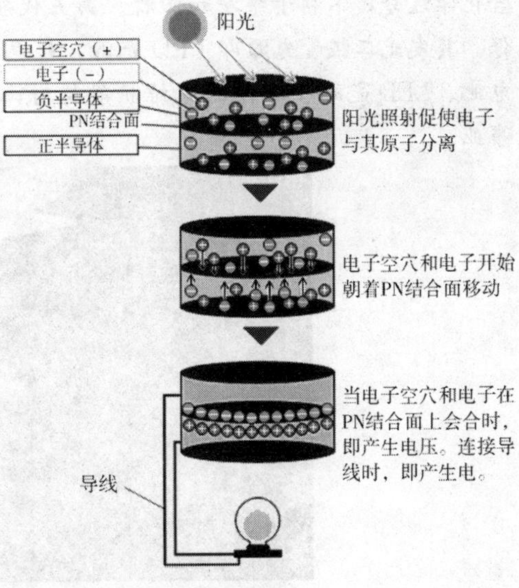

◆太阳能电池发电原理图

同样，掺入磷原子以后，因为磷原子有五个电子，所以就会有一个电子变得非常活跃，形成P型半导体。

N型半导体中含有较多空穴，而P型半导体中含有较多电子。这两种半导体结合在一起时，就会在接触面形成电势差，这就是PN结。

当晶片受光后，在PN结中，N型半导体的空穴往P型区移动，而P型区中的电子往N型区移动，从而形成从N型区到P型区的电流。于是在PN结中就形成了电势差，这就形成了电源。

小资料：太阳能航标灯

位于浙江省杭州市的千岛湖航区开始启用第五代航标灯——太阳能航标灯。其最大的特点是采用太阳能转换供电，避免造成环境污染，而且基本不需要维护。

传统的航标灯先后采用干电池、锌空电池、碱性电瓶作为航标电源，由于所含化学成分，不利于维护和回收。第五代航标灯使用的是清洁能源，安全又环保。其发光二极管光源即LED光源，耗电量低，性能稳定。这种集太阳能板、电池、LED光源于一体的免维护航标灯，将更好地服务于千岛湖的旅游水运事业。

◆太阳能航标灯

拓展思考

1. 太阳能电池分哪两种类型?
2. 单晶硅和多晶硅的区别是什么?
3. 太阳能电池发电原理是什么?

轨道让出行便捷——火车和地铁

今天，当一列列火车风驰电掣般地从我们面前闪过，又迅速地从视野消失驶向远方时，我们禁不住会发出由衷的赞叹，发明火车的人真伟大，为后人留下这种既快捷又方便舒适的交通工具。现在火车不仅行进在地面上，在地下也有火车的身影，那就是地铁。让我们一起来看看这两位“飞奔”者的光荣里程。

火车在放牛娃手中诞生

◆两条钢轨之间横放的是枕木，可以起到固定钢轨的作用

欧洲工业革命以机器大工业代替了工场手工业。机器大工业需要大量的燃料、原料，也要把生产出的产品送往各地。而在19世纪以前，运输主要依靠水上船舶，陆地上只能依赖马车，这与大工业的需求之间是个很大的矛盾。机器大工业呼唤着现代运输工具的诞生。

那个时代铁路已诞生，可是行走在铁路上的车大部分是用马拉的。1783年，瓦特的学生默多克造出了第一台用蒸汽机作动力的车子，但效果不好，没人用。1807年，英国人特里维希克和维维安又制造出了用蒸汽机推动的车子，可是这车子太笨重了，难以在普通的道路上行走，而他们也没想到把这辆车放到铁轨上去，所以不久之后也就弃之不用了。直到1814年，放牛娃出身的英国工程师斯蒂芬森造出了在铁轨上行走的蒸汽机车，正式发明了火车。

斯蒂芬森总结前人的教训，开始研制蒸汽机车，他改进了产生蒸汽的锅炉，把立式锅炉改成卧式锅炉；并作出了一个极有远见的重大决断，决定把蒸汽机车放在轨道上行驶；还在车轮的边上加了轮缘，以防止火车出轨；又在承重的两条路轨间加装了一条有齿的轨道。因为当时考虑蒸汽机车在轨道上行驶，虽可避免在一般道路上因自身太重而难以行走的缺点，可在轨道上也会产生车轮打滑的问题，所以，在机车上装上棘轮，让它在有齿的第三轨上滚动而带动机车向前行驶。1814 年，斯蒂芬森的蒸汽机车火车头问世了。此后，他又改造了火车，使之更加合理。1825 年 9 月 27 日，在英国的斯托克顿附近挤满了 4 万余名观众，铜管乐队也整齐地站在铁轨边，人们翘首以待，望着那卧榻蜿蜒而去的铁路。铁路两旁也簇拥着前来观看的人群。忽然人们听到一声激昂的汽笛声，一台机车喷云吐雾地疾驶而来。机车后面拖着 12 节煤车，另外还有 20 节车厢，车厢里还乘着约 450 名旅客。斯蒂芬森亲自驾驶世界上第一列火车。

◆火车之父——英国工程师斯蒂芬森

◆现代火车大都以电力为动力，再也看不到火车头冒着白烟呼啸而过的景象了

钢轨承受着列车重量的巨大压力。因此需要使用经热处理后综合性能良好的钢材。铁路钢轨对钢的要求比一般性应用更为严格。

到此时，火车的优越性已充分体现出来了，它速度快、平稳、舒适、安全可靠。火车在世界各地很快发展起来了。直到今天，火车仍然是世界上重要的运输工具之一，在国民经济中发挥着巨大的作用。

历史趣闻

铁轨的意外诞生

16 世纪下半叶，在英国和德国的矿山和采石场铺有用木材做成的路轨。在轨道上行走的车是靠人力或畜力推动的。1767 年，英国的金属大跌价，有家铁工厂的老板看到堆积如山的生铁，既卖不出去赚不了钱，又占用了很多地方，就令人浇铸成长长的铁条，铺在工厂的道路上，准备在铁价上涨的时候再卖出去。可是，人们发现车辆行驶在铺着铁条的路上，既省力，又平稳。这样，铁轨先于火车诞生了。

小资料："世界屋脊"不再遥远

在"世界屋脊"的青藏高原，有一条纵贯东西的钢铁大动脉——青藏铁路西宁至格尔木段，即青藏铁路一期工程。这条铁路长约 846 千米，于 1984 年建成通车。青藏铁路一期工程东起高原古城西宁，穿崇山峻岭，越草原戈壁，过盐湖沼泽，西至昆仑山下的戈壁新城格尔木。1958 年分段开工建设，1984 年 5 月全段建成通车。铁路沿线海拔大部分在 3000 米以上，

是中国第一条高原铁路。多年来，国家用于西藏发展的重点物资绝大部分是通过这条铁路转运至西藏的。

火车越开越快——高速铁路

为了提高列车运行速度，使铁路适应社会发展，从20世纪初至中叶，德、法、日等国都开展了大量有关高速列车的理论研究和试验工作。1903年10月27日，德国用电动车首创了试验速度达210千米/小时的历史记录；1955年3月28日，法国用两台电力机车牵引三辆客车，试验速度达到了331千米/小时，刷新了世界高速铁路的记录。日本于1964年建成了世界上第一条高速铁路——东海道新干线（东京至大阪，全长515.4千米，时速210千米），并研制了“0系”高速列车，1964年投入运营。

◆日本“新干线”子弹头型火车驶过富士山边的富士山市

◆“和谐号”动车组

中国第一条高速铁路客运专线——秦沈客运专线始建于1999年，经过10年的高速铁路建设和对既有铁路的高速化改造，中国目前已经拥有全世界最大规模的高速铁路网。中国高速铁路的里程以不同标准计算会得出不同的结果。如以最高时速超过200千米的标准来作为高速铁路的定义，那么截止 2009 年年底，中国的高速铁路里程已经达到近 9500 千米，其中有 6003 千米为中国铁道部在 2007 年 4 月为实现中国铁路第六次大提速而改造的既有铁路。

小资料：和“黄牛”说拜拜

◆火车票采用实名制

火车票实名制是指公民在购买火车票和乘坐火车时，需要登记、核查个人真实身份的一种实名制度。从某种角度上讲，火车票实名制可以打击贩卖火车票的违法犯罪行为，预防、控制和打击铁路站车上的旅客财物被盗、抢劫、杀人、爆炸、贩毒等，而且从人身安全保障和乘车管理上，都起到了不可忽视的作用。火车票实名制的呼声，在中国愈演愈烈。2010 年春运最大的特点莫过于火车票实名制。从铁道部的强势推行，到舆论对此的褒贬不一，火车票实名制终于在争议声中迈出了第一步。

地下长龙——地铁

现在，世界上很多国家都有了地下铁路（人们简称地铁）。我国也在北京、上海、天津等城市建设了地铁，还有一些城市正准备承建。这说明，建造地铁是城市现代交通发展的趋向之一。

地铁列车不仅缓和了城市交通日益拥挤的情况，而且乘坐舒适，载客量大，运行准时，不受其他车辆干扰，可以高速行驶等，因而受到了广大乘客的青睐。虽然乘坐地铁的人很多，但是真正知道地铁是怎样问世的却不多。

地铁的发祥地是英国。1830 年以后，铁路在欧洲和美国得到了迅速的发展。那时使用的机车是烧煤炭的蒸汽机车。这种机车行驶时，浓烟滚滚，灰渣飞舞，污染了城市环境。另一方面，由于大城市里各种交通工具相互混杂，道路拥挤，火车也无法高速行驶。解决这一难题的办法有两种，一是建高架铁路；二是建设地铁。但是，建设高架铁路投资大，而且还要占据地面相当大的空间。因此，人们还是对建造地铁感兴趣。英国在世界上首先建设了地铁，并于1860年正式开工建造。

◆已经使用100多年的伦敦地铁

◆如今的英国地铁早已不使用蒸汽机车，而是使用电力机车

到了20世纪初期，世界上已有19个城市开通了地下铁路。此后，有许多国家都在筹建地铁。前苏联的地铁建设虽然起步较晚，但有利之处是，可吸收各国经验，研究各种不同的地铁施工技术，采用适合自己的方法进行施工。

万花筒

世界之最

莫斯科地铁是世界上规模最大的地铁之一，它一直被公认为世界上最漂亮的地铁，享有“地下的艺术殿堂”之美称。莫斯科地铁全长220多千米，呈辐射形及环形线路。地铁总共有9条线，有150个站台，4000列地铁列车在地铁线上运行。

拓展思考

1. 火车是谁发明的？最早的火车以什么为动力？
2. 火车的铁轨为什么是工字型的？
3. 哪个国家最早使用地铁？地铁有什么优点？
4. 在我国通向西藏的是那条铁路？总长有多少？

天空任我行——飞机

◆根据达·芬奇的草图复原的飞行器模型

中国古代，不仅有人在文学著作中描述了飞行的理想，而且还有人设计了一些设备，试图实现脱离大地束缚的理想。明朝的万户，就设计了一种借助火箭飞行的飞行器。世界上最早的飞行器是中国发明的风筝和热气球的先驱孔明灯。在西方，达·芬奇也曾设计过飞行器。自从飞机发明以后，飞机日益成为现代文明不可缺少的运载工具，它深刻地改变和影响着人们的生活。

“铁家伙”的飞行原理

飞机是人类在20世纪所取得的最重大的科学技术成就之一，有人将它与电视和电脑并列为20世纪对人类影响最大的三大发明。

飞机的发明者是美国人莱特兄弟，于1903年12月7日在美国试飞成功。第一次世界大战中，飞机已用于作战，当时飞机的速度已达每小时180～220千米。在第二次世界大战中，飞机的速度达到每小时750千米。20世纪40年代中期以后，发动机由活塞式发展到喷气式，飞机的飞行性能显著提高。到了20世纪80年代，飞机的最高限已超过30000米，最大速度超过3倍音速。

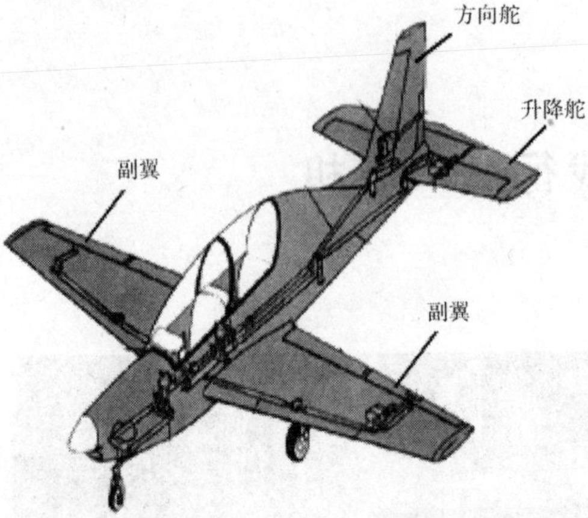

◆飞机大体结构

◆飞机起飞时需要在跑道上高速行驶获得升力

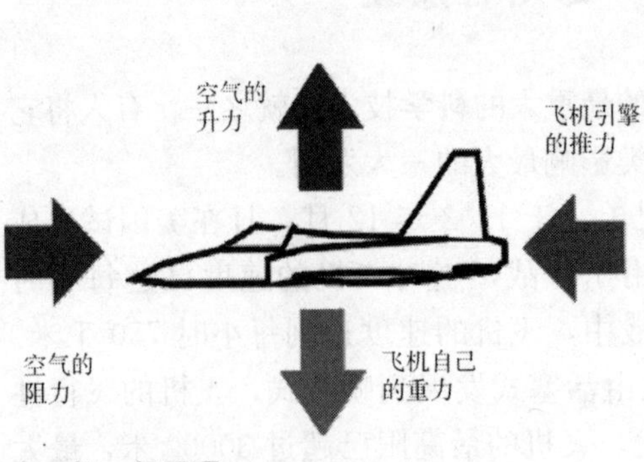

◆飞机飞行原理

大多数飞机由机翼、机身、尾翼、起落架和动力装置五个主要部分组成。

机身——装载作用。机身的主要功用是装载乘员、旅客、武器、货物和各种设备；还可将飞机的其他部件如尾翼、机翼及发动机等连接成一个整体。

机翼——提供动力。机翼的主要功用是为飞机提供升力，以支持飞机在空中飞行，也起一定的稳定和操纵作用。在航空技术不发达的早期，为了提供更大的升力，飞机以双翼机甚至多翼机为主，机翼有各种形状，数目也有不同。但现代飞机一般是单翼机。在机翼上一般安装有副翼和襟翼。操纵副翼可使飞机滚转；放下襟翼能使机翼升力系数增大。另外，机翼上还可安装发动机、起落架和油箱等。

尾翼——保持平衡。尾翼包括水平尾翼（平尾）和垂直尾翼（垂尾）。尾翼的主要功用是用来操纵飞机俯仰和偏转，以及保证飞机能平稳地飞行。水平尾翼由固定的水平安定面和可动的升降舵组成。垂直尾翼则包括固定的垂直安定面和可动的方向舵。

> 随着航空技术的发展，火箭发动机、冲压发动机、原子能航空发动机等，也有可能会逐渐被飞机采用。

起落架——支撑飞机。起落架是用来支撑飞机并使它能在地面和其他水平面起落和停放。陆上飞机的起落装置，一般由减震支柱和机轮组成，此外还有专供水上飞机起降的带有浮筒装置的起落架和雪地起飞用的滑橇式起落架。它是用于起飞与着陆滑跑、地面滑行和停放时支撑飞机。

动力装置——提供动力。动力装置主要用来产生拉力或推力，使飞机前进。其次还可以为飞机上的用电设备提供电力，为空调设备等用气设备提供气源。现代飞机的动力装置主要包括涡轮发动机和活塞发动机两种。动力装置除发动机外，还包括一系列保证发动机正常工作的系统，如燃油供应系统等。

历史典故

飞翔序幕的拉开

像鸟儿一样在天空飞翔，自古以来就是人类的梦想。1903 年 12 月 17 日，世界上第一架载人动力飞机在美国北卡罗来纳州的基蒂霍克飞上了蓝天。这架飞机被叫做“飞行者 1 号”，它的发明者就是美国的威尔伯·莱特和奥维尔·莱特兄弟。莱特兄弟的第一次有动力的持续飞行，实现了人类渴望已久的梦想，人类的飞行时代从此拉开了帷幕。

链接：飞行如何“浮”起来？

飞机是靠机翼的上下气压差来提供升力的，因为只要飞机向前运动，机翼下方的气压就会大于机翼上方的气压。当空气流经机翼时，上方的空气因在同一时间内要走的距离较长，所以跑得比下方的空气还要快，造成在机翼上方的气压会

◆气流示意图

较下方低。因此，机翼上方的空气压力比机翼下方的要小，于是下方较高的气压就将飞机撑起来，形成能使飞机浮在空气中的“浮力”。

源于蜻蜓的灵感——直升飞机

中国的竹蜻蜓和意大利人达芬奇的直升机草图，为现代直升机的发明提供了启示，指出了正确的思维方向，它们被公认是直升机发展史的起点。

现代直升机尽管比竹蜻蜓复杂千万倍，但其飞行原理却与竹蜻蜓有相似之处。现代直升机的旋翼就好像竹蜻蜓的叶片，旋翼轴就像竹蜻蜓的那根细竹棍儿，带动旋翼的发动机就好像我们用力搓竹棍儿的双手。竹蜻蜓的上下叶片表面之间形成了一个压力差，便产生了向上的升力。当升力大于它本身的重量时，竹蜻蜓就会腾空而起。直升机旋翼产生升力的原理与竹蜻蜓是相同的。直升飞机有大螺旋桨旋，机身也会旋转，因此直升飞机需要一个阻止机身旋转的装置，飞机尾部侧面的小型螺旋桨就是起这个作用的，飞机的左转、右转、保持稳定航行就是靠它来完成的，同时为了不使尾桨碰到旋翼，就必须把直升机的机身加长，所以直升机有蜻蜓样的长尾巴。

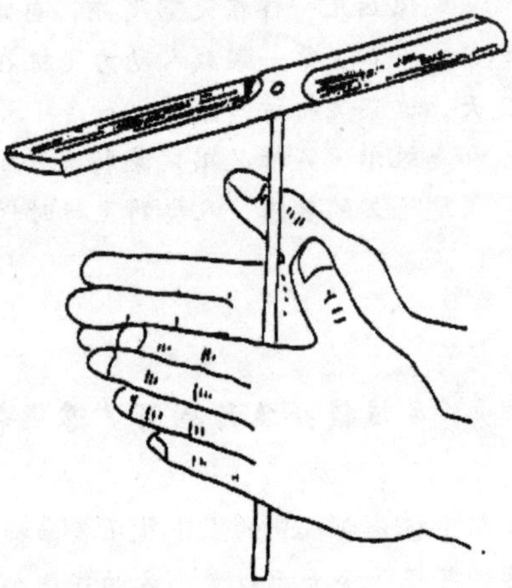

◆儿童玩具——竹蜻蜓

飞机工业的发展，使航空发动机的性能迅速提高，为直升机的成功制造提供了重要条件。旋翼技术的第一

◆AH－64 阿帕奇武装直升机

次突破，归功于西班牙人谢巴，他为了创造“不失速”的飞机以解决固定翼飞机的安全问题，采用自转旋翼代替机翼，发明了自转旋翼机。

1938 年，年轻的德国姑娘汉纳赖奇驾驶一架双旋翼直升机在柏林体育场进行了一次完美的飞行表演。这架直升机被直升机界认为是世界上第一架试飞成功的直升机。

万花筒

壮大的直升机队伍

直升机因为有许多其他飞行器难以办到或不可能办到的优势，受到广泛应用，直升机由于可以垂直起飞降落不用大面积机场，主要用于观光旅游、火灾救援、海上急救、缉私缉毒、消防、商务运输、医疗救助、通信以及喷洒农药杀虫剂消灭害虫、探测资源等国民经济的各个部门。

链接：黑匣子并不“黑”

在飞机失事的新闻中，经常听到一个名词——黑匣子，黑匣子是判断飞行事故原因最重要及最直接的证据。虽然叫黑匣子，其实它的颜色却不是黑的，而是醒目的橙色。它的正式名字是飞行信息记录系统。飞行信息记录系统包括两套仪器：一个是驾驶舱话音记录器，实际上就是一个磁带录音机。从飞机开始

◆飞机上的黑匣子

飞行后，它就不停地录制驾驶舱内的各种声音，但它只能保留停止录音前30分钟内的声音。另一个是飞行数据记录器，它把飞机上的各种数据即时记录在磁带上。

黑匣子被放在飞机上飞机尾翼下方的机尾处，因为这里被认为是最安全的部位。它的内部装有自动信号发生器能发射无线电信号，以便于搜索。

拓展思考

1. 你能说说飞机的飞行原理吗？为什么飞机在空中能不掉下来？
2. 直升飞机的发明是受什么的启发？
3. 直升飞机为什么能停在空中？
4. 什么是黑匣子？它有什么用途？

轨道上的风驰电掣
——磁悬浮和超导

交通工具是现代人社会生活中不可缺少的一个部分。随着时代的变化和科学技术的进步，我们周围的交通工具越来越多，给每一个人的生活都带来了极大的方便。陆地上的汽车，海洋里的轮船，天空中的飞机，大大缩短了人们交往的距离；火箭和宇宙飞船的发明，使人类探索另一个星球的理想成为了现实。你是否知道有一种列车不用轮子也能驰骋？它的高速运转是什么原理呢？超导现象对人类究竟有什么用处呢？这一节将为你揭开谜底。

“倒立”的金属链的启示

仔细观察右图装置，想想为什么在重力的作用下，连接有铁环的金属链没有向下滑落，却是笔直向上，金属链犹如在做着“倒立”呢？

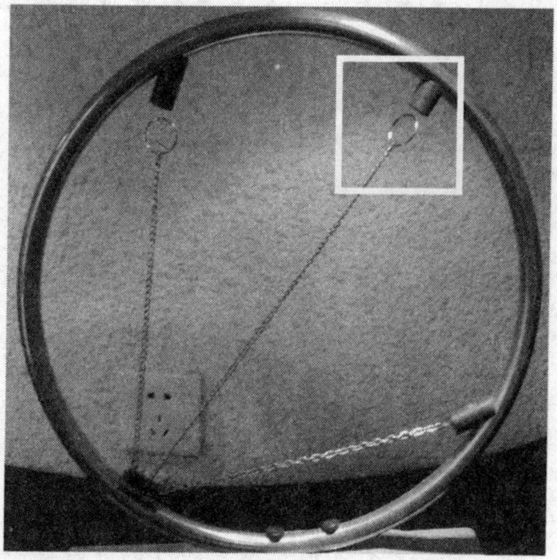
◆金属链被拉直

将铁环拿下来，然后再次将金属链向上拉直，你会感觉到外圈圆环上圆柱状物体对铁环的吸引力。这下，你一定知道是怎么回事了。不错，外圈圆环上的圆柱状物体就是磁铁，它对铁环有向上的吸引作用，平衡了金属链的重力，使金属

◆在日本运行的磁悬浮列车

链能够保持笔直向上的状态。

这个实验说明的是电磁悬浮技术（electromagnetic levitation）简称 EML 技术。它的主要原理是利用高频电磁场在金属表面产生的涡流来实现对金属球的悬浮。根据这个原理，科学家发明了磁悬浮列车，改变了人们的出行方式。

目前世界上有 3 种类型磁悬浮技术，即日本的超导电动磁悬浮、德国的常导电磁悬浮和中国的永磁悬浮。永磁悬浮技术是中国大连拥有核心及相关技术发明专利的原始创新技术。据技术人员介绍，日本和德国的磁悬浮列车在不通电的情况下，车体与槽轨是接触在一起的，而利用永磁悬浮技术制造出的磁悬浮列车在任何情况下，车体和轨道之间都是不接触的。

动动手——不可思议的悬浮魔术

右图的悬浮装置：玻璃罩内是两片相隔一定距离的石墨板，中间放置了一块立方形的小磁铁，玻璃罩的上面分别是魔法螺母、环状陶瓷磁铁和可调节圆环。

◆悬浮魔术

稍稍松开魔法螺母，如果玻璃罩内的小磁铁静止在下面的石墨板上，顺时针旋转可调节圆环，使环状陶瓷磁铁缓缓下降，同时观察小磁铁的运动情况，当小磁铁在两片石墨板之间悬浮起来时，停止旋转可调节圆环，并拧紧螺母。提示：禁止用扳手之类的工具拧动魔法螺母和可调节圆环，旋转可调节圆环一定要非常缓慢，否则可能使磁铁在石墨板之间来回不停运动，形成不稳定的状态。

思考一下，如果初始时小磁铁触着在上面的石墨板上，应该如何调节装置？这时只要逆时针旋转可调节圆环，使环状陶瓷磁铁缓缓上升即可。从这些过程给出的现象，你能破解这个“魔术”的秘密吗？

同性相斥，异性相吸

磁悬浮列车利用“同性相斥，异性相吸”的原理，让磁铁具有抗拒地心引力的能力，使车体完全脱离轨道，悬浮在距离轨道约1厘米处，腾空行驶，创造了近乎“零高度”空间飞行的奇迹。

◆上海的磁悬浮列车

世界第一条磁悬浮列车示范运营线——上海磁悬浮列车，建成后，从浦东龙阳路站到浦东国际机场，30多千米只需6～7分钟。

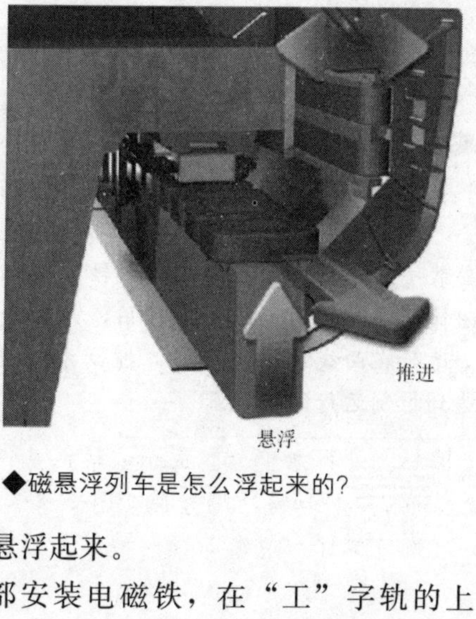

◆磁悬浮列车是怎么浮起来的?

上海磁悬浮列车是“常导磁斥型”（简称“常导型”）磁悬浮列车。利用“同性相斥”原理设计，是一种排斥力悬浮系统，利用安装在列车两侧转向架上的悬浮电磁铁，和铺设在轨道上的磁铁，在磁场作用下产生的排斥力使车辆浮起来。就是说，轨道产生磁力的排斥力与列车的重力在一个相应平衡的数据时，列车就会悬浮起来。

列车底部及两侧转向架的顶部安装电磁铁，在“工”字轨的上方和上臂部分的下方分别设反作用板和感应钢板，控制电磁铁的电流使电磁铁和轨道间保持1厘米的间隙，让转向架和列车间的排斥力与列车重力相互平衡，使列车悬浮在轨道上运行。这必须精确控制电磁铁的电流。

悬浮列车的驱动和同步直线电动机原理一模一样。通俗说，在位于轨道两侧的线圈里流动的交流电，能将线圈变成电磁体，由于它与列车上的电磁体的相互作用，使列车开动。讲得更通俗直白一点，相当于电动机转子和定子之间的旋转运动变成了磁悬浮列车和轨道之间的直线运功。磁悬浮列车相当于电动机的转子，而轨道相当于电动机的定子。

原理介绍

磁悬浮列车前进动力

列车头部的电磁体N极被安装在靠前一点的轨道上的电磁体S极所吸引，同时又被安装在轨道上稍后一点的电磁体N极所排斥。列车前进时，线圈里流动的电流方向就反过来，即原来的S极变成N极，N极变成S极。周而复始，列车就向前奔驰。

万花筒

稳定性的控制

稳定性由导向系统来控制。“常导型磁斥式”导向系统，是在列车侧面安装一组专门用于导向的电磁铁。列车发生左右偏移时，列车上的导向电磁铁与导向轨的侧面相互作用，产生排斥力，使车辆恢复正常位置。列车如运行在曲线或坡道上时，控制系统通过对导向磁铁中的电流进行控制，达到控制运行的目的。

小资料：悲惨的试运行

2006年，德国磁悬浮控制列车在试运行途中与一辆维修车相撞，报道称车上共29人，当场死亡23人，实际死亡25人，4人重伤。这说明磁悬浮列车在突发情况下的制动能力不可靠，不如轮轨列车。在陆地上的交通工具没有轮子是很危险的。因为列车要从动量很大降到静止，要克服很大的惯性，只有通过轮子与轨道的制动力来克服。磁悬浮列车没有轮子，如果突然停电，靠滑动摩擦是很危险的。此外，磁悬浮列车又是高架的，发生事故时在5米高处救援很困难，没有轮子，拖出事故现场困难；若区间停电，其他车辆、吊机也很难靠近。

◆德国磁悬浮列车撞车

超导技术的九十年

1911年，荷兰莱顿大学的卡末林·昂内斯意外地发现，将汞冷却到－268.98℃时，汞的电阻突然消失；后来他又发现许多金属和合金都具有与上述汞相类似的低温下失去电阻的特性，由于它的特殊导电性能，昂内斯称之为超导态。这一发现引起了世界范围内的震动。昂内斯也由于他的这一发现获得了1913年诺贝尔奖。在他之后，人们开始把处于超导状态的导体称之为“超导体”。超导体的直流电阻率在一定的低温下突然消失，被称作零电阻效应。超导体没有了电阻，电流流经超导体时就不发生热损耗，可以毫无阻力地在导线中形成强大的电流，从而产生超强磁场。

1933年，荷兰的迈斯纳和奥森菲尔德共同发现了超导体的另一个极为重要的性质，当金属处在超导状态时，这一超导体内的磁感应强度为零，把原来存在于体内的磁场排挤出去了。对单晶锡球进行实验发现：锡球过渡到超导态时，锡球周围的磁场突然发生变化，磁力线似乎一下子被排斥到超导体之外去了，人们将这种现象称之为“迈斯纳效应”。

◆超导“之父”——昂内斯

后来人们还做过这样一个实验：在一个浅平的锡盘中，放入一个体积很小但磁性很强的永久磁体，然后把温度降低，使锡盘出现超导性，这时可以看到，小磁铁竟然离开锡盘表面，慢慢地飘起，悬浮不动。

迈斯纳效应有着重要的意义，它可以用来判别物质是否具有超导性。

◆在极端低温下，小磁铁离开锡盘表面，漂浮起来

为了使超导材料有实用性，人们开始了探索高温超导的历程。从 1911 年至 1986 年，超导温度由水银的 4.2K 提高到 23.22K。1986 年 1 月发现钡镧铜氧化物超导温度是 30K，同年 12 月 30 日，又将这一记录刷新为 40.2K，1987 年 1 月升至 43K，不久又升至 46K 和 53K，该年 2 月 15 日发现了 98K 超导体，2009 年 10 月 10 日，突破 254K（−19℃）。高温超导体取得了巨大突破，使超导技术走向大规模应用。

广角镜——跨时代的交通工具革命

◆超导船

超导材料和超导技术有着广阔的应用前景。超导现象中的迈斯纳效应使人们可以用此原理制造超导列车和超导船，由于这些交通工具将在悬浮无摩擦状态下运行，这将大大提高它们的速度和安静性，并有效减少机械磨损。利用超导悬浮可制造无磨损轴承，将轴承转速提高到每分钟 10 万转以上。超导列车已于 20 世纪 70 年代成功地进行了载人可行性试验。1987 年，日本开始试运行，但经常出现失效现象，出现这种现象可能是由于高速行驶产生的颠簸造成的。超导船已于 1992 年 1 月 27 日下水试航，目前尚未进入实用化阶段。利用超导材料制造交通工具在技术上还存在一定的障碍，但它势必会引发交通工具革命的一次浪潮。

超群的超导磁体

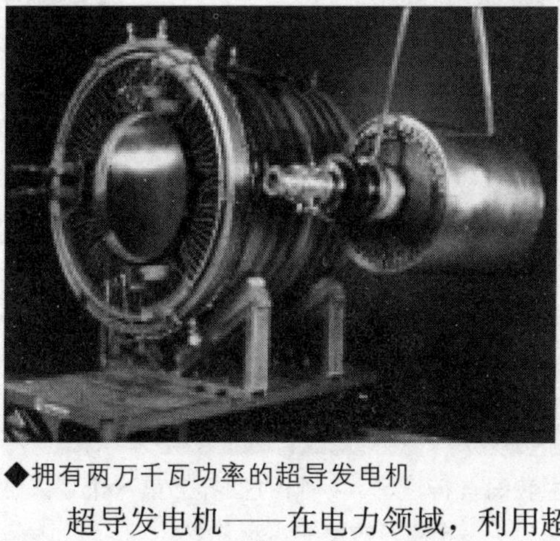
◆拥有两万千瓦功率的超导发电机

由于超导材料在超导状态下具有零电阻和完全的抗磁性，因此只需消耗极少的电能，就可以获得 10 万高斯以上的稳态强磁场。而用常规导体做磁体，要产生这么大的磁场，需要消耗 3.5 兆瓦的电能及大量的冷却水，投资巨大。因此，超导材料最诱人的应用是发电、输电和储能。

超导发电机——在电力领域，利用超导线圈磁体可以将发电机的磁场

◆磁流体发电机

强度提高到 5 万～6 万高斯，并且几乎没有能量损失，这种发电机便是交流超导发电机。超导发电机的单机发电容量比常规发电机提高 5～10 倍，达 1 万兆瓦，而体积却减少 1/2，整机重量减轻 1/3，发电效率提高 50%。

磁流体发电机——磁流体发电机同样离不开超导强磁体的帮助。磁流体发电，是利用高温导电性气体（等离子体）作导体，并高速通过磁场强度为 5 万～6 万高斯的强磁场而发电。磁流体发电机的结构非常简单，用于磁流体发电的高温导电性气体还可重复利用。

目前的铜或铝导线输电，约有15%的电能损耗在输电线路上，光是在中国，每年的电力损失即达1000多亿度。

超导输电线路——超导材料还可以用于制作超导电线和超导变压器，从而把电力几乎无损耗地输送给用户。

超导磁悬浮列车——利用超导材料的抗磁性，将超导材料放在一块永久磁体的上方，由于磁体的磁力线不能穿过超导体，磁体和超导体之间会产生排斥力，使超导体悬浮在磁体上方。利用这种磁悬浮效应可以制作高速超导磁悬浮列车。

◆由我国自行设计、研制的世界上第一个“人造太阳”——全超导核聚变实验装置

超导计算机——超导计算机中的超大规模集成电路，其元件间的互连线用接近零电阻和超微发热的超导器件来制作，不存在散热问题，同时计算机的运算速度大大提高。此外，科学家正研究用半导体和超导体来制造晶体管，甚至完全用超导体来制作晶体管。

核聚变反应堆“磁封闭体”——核聚变反应时，内部温度高达1亿℃～2亿℃，没有任何常规材料可以包容这些物质。而超导体产生的强磁场可以作为“磁封闭体”，将热核反应堆中的超高温等离子体包围、约束起来，然后慢慢释放，从而使受控核聚变能源成为21世纪前景广阔的新能源。

万花筒

难以解决的散热问题

高速计算机要求集成电路芯片上的元件和连接线密集排列，但密集排列的电路在工作时会产生大量的热，而散热是超大规模集成电路面临的难题。

拓展思考

1. 什么是超导现象？
2. 磁悬浮列车的原理是什么？为什么它能快速前进？
3. 超导现象有哪些实际应用？
4. 超导现象的发现对人类有哪些影响？

尝试脱离地球
——火箭和人造卫星

火箭是目前唯一能使物体达到宇宙速度，克服或摆脱地球引力，进入宇宙空间的运载工具。现代火箭可用作快速远距离运送工具，如作为探空、人造卫星发射、载人飞船、空间站的运载工具，以及其他飞行器的助推器等。“人造卫星”就是我们人类“人工制造的卫星”，像天然卫星一样环绕地球或其他行星，以便进行探测或科学研究。人造卫星是发射数量最多、用途最广、发展最快的航天器。

火箭的雏形

◆明朝的作战武器“火龙出水”

中国人在公元前300年就已发明了火箭，当时是把它作为烟花一样的娱乐品。11世纪之后发展为军用，即是在箭上缚上火药，是军队中的特别武器。北宋初年，就制作了火箭、火球等。后来又出现了带爆炸性的霹雳炮。南宋时期更出现了铁火炮、突火枪、火铳等新式武器。这些武器威力巨大，被广泛使用在战争中。1150年，宋朝南宋高宗绍兴二十年，军队发明了全世界第一支火箭。他们将装满火药的竹管绑在箭上，加上一条引信。接着在靠近箭羽部分绑上一小块铁，让箭簇倾斜以便射得更远。明朝在16世纪发明的“火龙出水”是一种用于水战的两级火箭。“火龙”的龙身由约1.6米长的薄竹筒制成，前边装一个木制龙头，后边装一个木制龙尾。龙体内装有火箭数枚，引线从龙头下的孔中引出。龙身下前后共装 4 个火药筒。前后两组火箭引线扭结在一起。前面火药筒底部和龙头引出的引线相连。发射时，先点燃龙身下部的 4 个火药筒，推动火龙向前飞行。火药筒烧完后，龙身内的神机火箭点燃飞出，射向敌人。这种火箭已经应用了火箭并联（4 个火药筒）、串联（两级火箭接力）原理。将它用于水战时，可在水面上飞行数千米远。当飞向敌舰时，从龙嘴发射火箭直接攻击对方舰艇。这是人类历史上第一种从战舰上发射的大型远程火箭武器，堪称“反舰导弹鼻祖”。

明朝海军是世界战争史上第一支装备和使用反舰火箭的海军。18世纪末印度人用火箭抵抗英国，从此传入欧洲。

原理介绍

火箭与反冲运动

物体通过分离出一部分物体，使另一部分向相反的方向运动的现象，叫做反冲运动。在反冲运动中常遇到变质量物体的运动，如火箭在运动过程中，随着燃料的消耗火箭本身的质量不断在减小，此时必须取火箭本身和在相互作用时的整个过程来进行研究。例如：火箭、喷气式飞机或水轮机等。

历史回顾——现代火箭发展史

19 世纪 80 年代，瑞典工程师拉瓦尔发明了拉瓦尔喷管，使火箭发动机的设计日臻完善。19 世纪末 20 世纪初，液体火箭技术开始兴起。1903 年，俄国的齐奥尔科夫斯基提出了制造大型液体火箭的设想和设计原理。1926 年，罗伯特·高达德于美国马萨诸塞州奥本镇发射了世界上第一枚液态燃料火箭。

在 20 世纪 20 年代，美国、奥地利、英国、捷克、斯洛伐克、法国、意大利、德国及俄国相继出现了研究火箭的组织。到了 20 年代中期，德国

◆发射了世界上第一枚液态燃料火箭的罗伯特

◆土星5号

科学家开始实验能到达高空及长距离的液态推进火箭。从1931年至1937年，最大规模的火箭引擎设计发生在列宁格勒的气体动力实验室。在充足的资金与良好的人员经营下，超过100枚实验性火箭被制造出来了。这项工程包括了再生冷却、自燃点火以及包括旋转及双推进混合设计的喷油器。

1931年5月，德国科学家赫尔曼·奥伯特领导的宇宙航行协会试验成功了欧洲第一枚液体火箭。到了1932年，德国军方在参观该协会研制的液体火箭发射试验之后，意识到火箭作为武器在未来战争中具有的巨大潜力，便开始组织一批科学家和工程技术人员，集中力量秘密研制火箭武器。到20世纪40年代初，德国在第二次世界大战中期，先后研制成功了能用于实战的V-1、V-2两种导弹。第二次世界大战以后，苏联和美国等相继研制出包括洲际弹道导弹在内的各种火箭武器。

战后，火箭被用做研究高海拔环境，无线电遥测温度及气压、侦测宇宙射线及其他研究。冷战期间，20世纪60年代成了火箭科技飞速发展的时代，包括前苏联（“东方号”、“联合号”、“质子号”）及美国（“X-20飞行器”、“双子星号”），以及其他国家如英国、日本、澳大利亚等的研究。最终导致了20世纪60年代末期的“土星5号”载人火箭登陆月球。

另一方面，前苏联的火箭研究在科罗廖夫的领导下也在进行中。经来自德国技术人员的协助，V-2 火箭被复制及改进成为 R-1、R-2 及 R-5 导弹。R-7 发射了第一颗卫星、第一个月球探测器及行星际探测器，直到今天还在使用。

美国火箭专家罗伯特有句名言："昨天的梦想就是今天的希望、明天的现实。"正是罗伯特的科学研究才使我们今天有机会实现许多飞天的梦想。

历史趣闻

从小树立远大理想

一个美丽的秋日，少年罗伯特正坐在他家屋后的一棵树下读英国作家 H·G·韦尔斯的科幻小说《星际大战：火星人入侵地球》。罗伯特后来回忆说："当时我仰望着东方的天空，我突然想要是我们能够做个飞行器飞向火星，那该有多好！我幻想着有这么个小玩艺可以从地上腾空而起，飞向蓝天。从那时起，我像变了个人，定下了人生的奋斗目标。"

小资料：形形色色的火箭

火箭可按不同方法分类。按能源不同，分为化学火箭、核火箭、电火箭以及光子火箭等。化学火箭又分为液体推进剂火箭、固体推进剂火箭和固液混合推进剂火箭。按用途不同分为卫星运载火箭、布雷火箭、气象火箭、防雹火箭以及各类军用火箭等。按有无控制分为有控火箭和无控火箭。按级数分为单级火箭和多级火箭。按射程分为近程火箭、中程火箭和远程火箭等。火箭的分类方法虽然很多，但其组成部分及工作原理是基本相同的。

固态火箭跟液态火箭便是现今比较常用的火箭。此外，还有混合火箭——就是用固体的燃料而用液体的氧化剂。另外，值得一提的是，现今运载火箭大多包含了液态火箭和固态火箭，也就是说，一枚火箭可能第一节是固态的而第二节却是液态的。

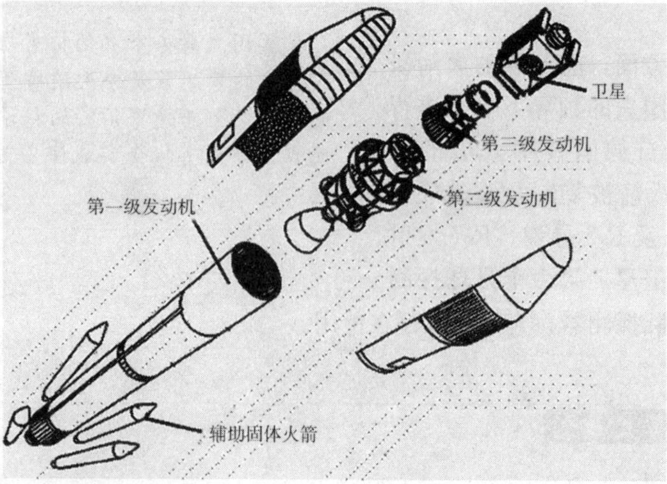

◆多级火箭示意图

火箭的基本结构

◆火箭示意图

火箭的基本组成部分有推进系统、箭体和有效载荷。有控火箭还装有制导系统。

火箭推进系统是火箭赖以飞行的动力源。其中火箭发动机按其能源不同，可分为化学火箭发动机、核火箭发动机、电火箭发动机和光子火箭发动机等。广泛使用的是化学火箭发动机，它是依靠推进剂在燃烧室内发生化学反应释放出来的能量转化为推力的。推力与推进剂每秒消耗量之比称为比冲，它是发动机性能的主要指标，其高低与发动机设计、制造水平有关，但主要取决于所选用的推进剂

◆庞大的发射设施

的性能。火箭发动机的推力，是根据其特点和用途选定的，其大小相差很大，小到微牛，如电火箭发动机；大到十几兆牛，如美国航天飞机的固体火箭助推器。

箭体用来安装和连接火箭各个系统，并容纳推进剂。箭体除要求具有良好的空气动力外形外，还要求在既定功能不变的前提下，质量越轻越好，体积越小越好。在起飞质量一定时，结构质量轻，则可获得较大的飞行速度或射程。运载火箭的有效载荷有人造卫星、飞船或空间探测器等航天器。火箭武器的有效载荷就是战斗部（弹头）。

为成功地发射火箭，还必须有地面发射设备和发射设施。地面发射设备有大有小。小的可手提肩扛，如便携式防空火箭和反坦克火箭的发射筒（架）；大的如卫星运载火箭，则需有固定的发射场和庞大的发射设施，以及飞行跟踪测控台站等。

想一想议一议

火箭用什么燃料？

发射卫星的火箭燃料要体积小，重量轻，但发出的热量要大，这样才能减轻火箭的重量，使卫星快速地被送上轨道。常用的液体氧化剂有液态氧、四氧化二氮等，燃烧剂有液氢、偏二甲肼、煤油等。现代液体燃料火箭是美国人高达德研制出来的：采用液氧—煤油。液体燃料放出的能量大，产生的推力也大；而且这种燃料比较容易控制，燃烧时间较长。因此，发射卫星的火箭大都采用液体燃料。

动动手——自制气球式火箭模型

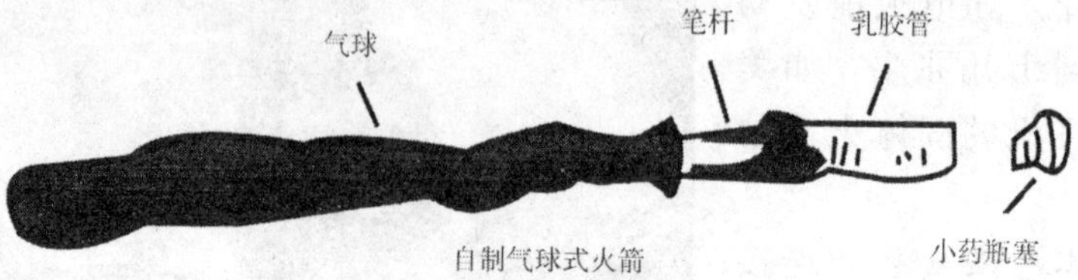

◆自制火箭示意图

真正的火箭是利用内部燃料燃烧产生的高温高压气体从尾部喷出所产生的向前推力而前进的。我们可以利用这个原理自己动手制作火箭的模型。

如图所示，截取一段空心毛笔杆，将一只细长型气球的嘴套在杆的一端，并用细线捆扎紧，杆的另一端紧套一段乳胶管。用气筒通过乳胶管给气球充气，随即用小药瓶塞封闭乳胶管的末端。然后沿气球的中心轴线，在它的背部安装两个小吊环。

多功能的人造卫星

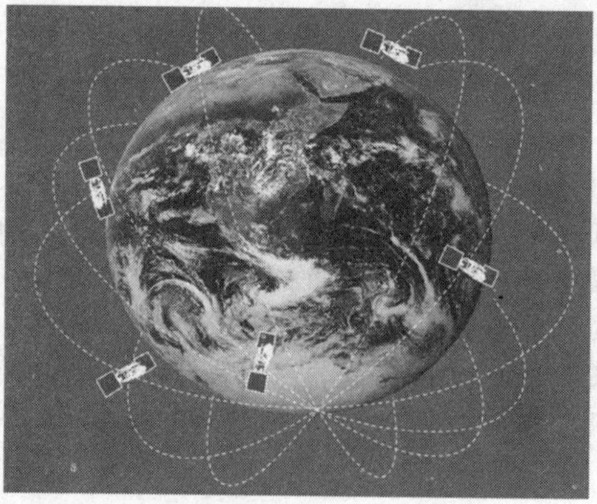

◆在地球上空分布着许多人造卫星

人造卫星观测天体由于不受大气层的阻挡，因此可以接收来自天体的全部电磁波辐射，实现全波段天文观测。人造卫星的快速飞行，一天绕地球飞行几圈到十几圈，能够迅速获取地球的大量信息，这是地面勘察和航空摄影无法比拟的。人造卫星在几百千米以上高度飞行，视野广阔。一张地球资源卫星照片拍摄的面积达几万平方千米，在静止轨道上卫星可以“看到”百分之四十的地球表面，这对通信非常有利，可实现全球范围的信息传递和交换。人造卫星能飞越地球上任何地区，特别是人迹罕至的原始森林、沙漠、深山、海洋和南北两极，并可对地下矿藏、海洋资源和地层断裂带等进行观测。

◆世界上三分之二的跨洋电信业务和全部电视转播业务已由卫星通讯系统承担

通信卫星——通信卫星是目前与大家生活关系最密切的人造卫星。电视的转播、个人的移动电话、高速网路等和通信有关的服务，都和通信卫星脱离不了关系。它有不受地理条件的限制、组网灵活、迅速、通信容量大、费用省的特点。卫星通信采用数字方式，这样不仅能改善传输的质量，降低网路的建设费用，而且可使通信效率大大提高。全世界至今已有 166 个国家与地区，总共建立了 887 个地球站，通过太平洋、印度洋、大西洋上空的国际通信卫星，组成了一个全球通信网。

◆卫星观测到了 2008 年的台风“鹦鹉”的中心

气象卫星——气象卫星通过多通道高分辨率扫描辐射计、红外分光计和微波辐射计等遥感器观测地球，获取气象资料。气象卫星分为两类：极轨气象卫星和静止气象卫星。极轨气象卫星围绕地球两极运行，它每天对全球进行两次气象观测，可获取全球气象资料。静止气象卫星运行在地球赤道上空，它能对全球近三分之一的地区连续进行气象观测，在 30 分钟或更短时间内获取一幅全景圆盘图，实时将资料送回地面，地面人员进行分析，就可以得到最新的气象资料。

城市灯光、火灾、大气和水污染、极光、沙暴、冰雪覆盖率、海流和能源浪费等等都是气象卫星可以收集的环境信息的一部分。

侦察卫星——卫星站得高看得远，既能监视又能窃听，是个名副其实的超级间谍。侦察卫星，就是窃取军事情报的卫星。侦察卫星利用光电遥感器或无线电接收机，搜集地面目标的电磁波信息。通过无线电传输的方法，随时或在某个适当的时候传输给地面的接收站，经光学、电子计算机处理后，人们就可以看到有关目标的信息。或者用胶卷或磁带记录下来后存贮在卫星返回舱里，待卫星返回时，由地面人员回收。

科学探测卫星——世界各国最初发射的卫星多是这类卫星或是技术试验卫星。科学探测卫星携带着各种仪器，穿过大气层，自由自在，不受干扰，为人类记录着大气层、空间环境和太空天体的真实信息。而这些十分宝贵的资料又为人类登上太空、利用太空提供了攻关指南。

知识窗

人造卫星的轨道

人造地球卫星轨道按离地面的高度，可分为低轨道、中轨道和高轨道；按轨道形状可分为圆轨道和椭圆轨道；按卫星飞行方向可分为顺行轨道（与地球自转方向相同）、逆行轨道（与地球自转方向相反）、赤道轨道（在赤道上空绕地球飞行）和极轨道（经过地球南北极上空）。

小资料：全天候和全球性的导航服务——GPS

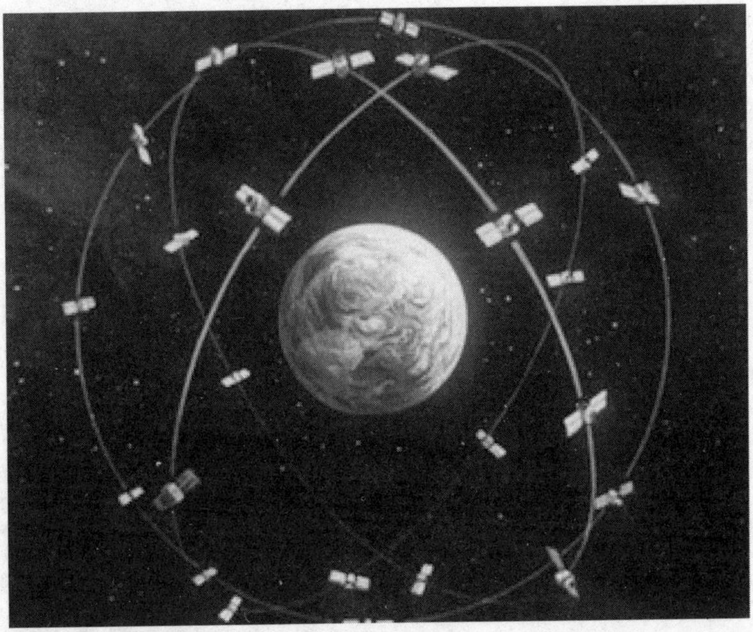

◆全球卫星定位系统

全球卫星定位系统实际上是一个卫星群，由27颗沿环地球轨道运行的卫星组成，其中24颗为工作卫星，另外3颗为备用卫星。这些卫星由太阳能提供动力，在地球上空大约19300千米的高度绕地球运行，每天绕地球运转两周。全球卫星定位系统GPS系统拥有如下多种优点：全天候，不受任何天气的影响；全球覆盖（高达98%）；三维定速定时高精度；快速、省时、高效率；应用广泛、多功能；可移动定位；不同于双星定位系统，使用过程中接收机不需要发出任何信号而增加了隐蔽性，提高了其军事应用效能。当人们谈到“GPS”时，通常是指GPS接收机。GPS接收机的任务就是确定四颗或更多卫星的位置，并计算出它与每颗卫星之间的距离，然后用这些信息推算出自己的位置。

拓展思考

1. 世界上第一枚液态燃料火箭是在哪个国家发射的?
2. 你能说出几种人造卫星的用途吗?
3. 说说火箭的发射步骤。
4. 人造卫星有哪些运行轨道?人造卫星为什么能停留在太空不掉下来?

用单个原子、分子制造物质——纳米技术

物质是由原子构成的，其性质依赖于这些原子的排列形式。如果我们将煤炭中的原子重新排列，就能得到钻石；如果向沙子中加入一些微量元素，并将其原子重新排列，就能制成电脑芯片；而土壤、水和空气的原子重新排列后就能生产出马铃薯。听起来是不是有点玄？不过这决非天方夜谭，如果你能走进纳米世界，了解纳米技术，就会知道上述目标的实现指日可待。

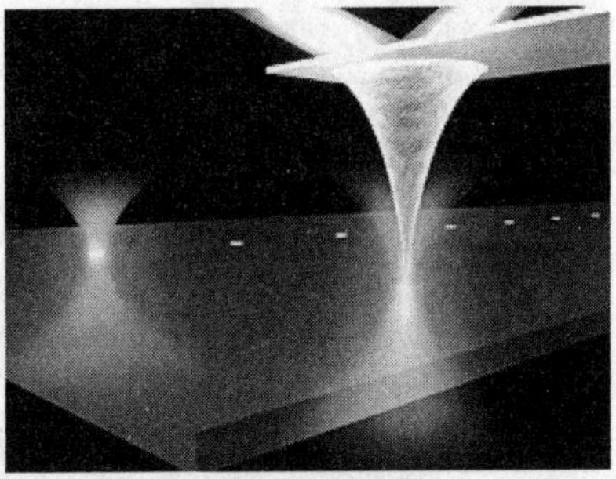

◆原子力显微镜的探针尺度是纳米级的

纳米技术来了

用不了多久，个头只有分子大小的纳米机器人将源源不断地进入人类的日常生活。它们将为我们制造钻石、舰艇、鞋子和牛排。要它们停止工作只需启动事先设定的程序。表面来看，上述想法近乎不可思议：一项单一的技术在应用初期就能治病、延缓衰老、清理有毒的废物、扩大世界的食物供应、筑路、造汽车和造楼房？这并非天方夜谭，也许在21世纪中叶前就可以实现。

◆物理学家理查德·费曼

其实，纳米技术一词由来已久。理查德·费曼是继爱因斯坦之后最有争议和最伟大的理论物理学家，1959年他在一次题目为

◆以色列科学家利用纳米技术在0.01平方英寸（约9.3×10^{-4}平方米）的硅表面蚀刻上了30万字的圣经

《在物质底层有大量的空间》的演讲中提出：将来人类有可能建造一种分子大小的微型机器，可以把分子甚至单个的原子作为建筑构件，在非常细小的空间构建物质，这意味着人类可以在最底层空间制造任何东西。从分子和原子着手改变和组织分子是化学家和生物学家意欲达到的目标。这将使生产程序变得非常简单，你只需将获取到的大量的分子进行重新组合就可形成有用的物体。

1981年扫描隧道显微镜发明后，诞生了一个以0.1到100纳米长度为研究对象的分子世界，它的最终目标是直接以原子或分子来构造具有特定功能的产品。因此，纳米技术其实就是一种用单个原子、分子构建物质的技术。

万花筒

纳米有多小？

所谓“纳米”，原来只是一种计量单位。算起来，1纳米也就是1米的10亿分之一，或者相当于头发丝直径的10万分之一。而以0.1至100纳米尺寸为研究对象的新学科，就是纳米科技。

1990年，IBM公司阿尔马登研究中心的科学家成功地对单个的原子进行了重排，纳米技术由此取得一项关键突破。他们使用一种称为扫描探针的设备慢慢地把35个原子移动到各自的位置，组成了IBM 3个字母。这证明费曼是正确的，2个字母加起来还没有3个纳米长。不久，科学家不仅能够操纵单个的原子，而且还能够“喷涂原子”。使用分子束外延长生长技术，科学家们学会了制造极薄的特殊晶体薄膜的方法，每次只造出一层分子。目前，制造计算机硬盘读写头使用的就是这项技术。

◆利用纳米技术将氙原子排成IBM

1991年，碳纳米管被人类发现，它的质量是相同体积钢的六分之一，强度却是钢的10倍，成为纳米技术研究的热点。诺贝尔化学奖得主斯莫利教授认为，纳米碳管将是未来最佳纤维的首选材料，也将被广泛用于超微导线、超微开关以及纳米级电子线路等；1993年，继1989年美国斯坦福大学搬走原子团“写”下斯坦福大学英文、1990年美国国际商用机器公司在镍表面用36个氙原子排出“IBM”之后，中国科学院北京真空物理实验室自如地操纵原子成功写出“中国”两字，标志着中国开始在国际纳米科技领域占有一席之地。

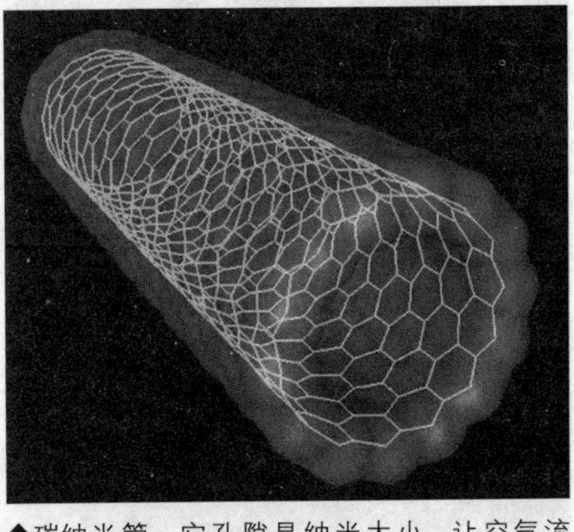

◆碳纳米管，它孔隙是纳米大小，让空气流通，并且可以保持同等程度的压力

前些年，一些国家纷纷制定相关战略或者计划，投入巨资抢占纳米技术战略高地。日本设立纳米材料研究中心，把纳米技术列入新五年科技基本计划的研发重点；德国专门建立纳米技术研究网；美国将纳米计划视为下一次工业革命的核心，美国政府部门还将纳米科技基础研究方面的投资从1997年的1.16亿美元增加到2001年的4.97亿美元。

纳米技术的妙用

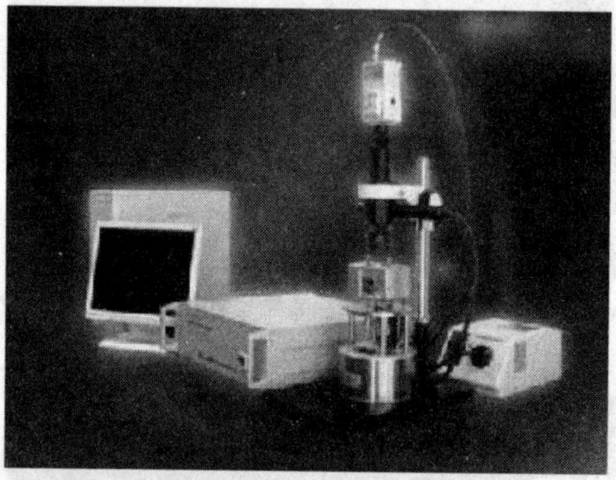

◆原子力显微镜——纳米测量技术

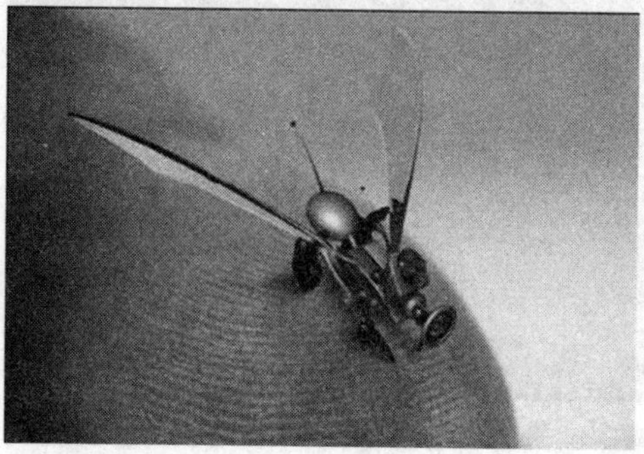

◆纳米飞机

科学家发现，当金属或非金属被制造成小于100纳米的物质时，其物理性质和化学性能都会发生很大变化，并具有高强度、高韧性、高比热、高导电率、高扩散率、磁化率以及对电磁波具有强吸收性等新的特征。

譬如，在陶瓷的制作过程中掺入少量的纳米粉，就能解决其脆性问题，达到类似于铁的耐弯曲性；在纺织品中使用纳米材料掺和的纤维，就具有灭菌和自动消毒的保健功能；在护肤品中加入纳米粉，能够使皮肤迅速恢复自身新陈代谢和抵抗病菌的功能；利用纳米陶瓷的刚性来完善装甲车的外壳，制成防弹装甲，则可以达到使导弹滑落或弹回去的奇迹。此外，人们还可以利用纳米技术制造出像蜜蜂大小的可控式飞机、像米粒大小的汽车、比头发丝还要小得多的马达。

纳米技术能够广泛应用于材料、机械、计算机、半导体、光学、医药和化工等众多领域。纳米技术的迅速发展和广泛应用充分说明，科学技术作为第一生产力，已经成为经济发展和社会进步的最具革命性的推动力。现在看起来，纳米技术在未来的应用不仅将会远远超过计算机工业，而且还将彻底改变目前的产业结构。为此，我们既要从整个科技发展和经济发展的战略高度充分认识和把握纳米技术，还要抓住机遇，加快研究和推广纳米技术，促进产业升级，以积极的姿态迎接纳米时代的来临。

万花筒

抢占纳米技术高地

由于纳米技术具有十分广阔的前景，一些国家和企业纷纷制定相关战略或计划。美国已宣布要将纳米计划视为下一次工业革命的核心。不仅如此，按照最近推出的“国家纳米技术规划”，在未来5年内联邦政府的该项资助拨款还要提高两倍。

纳米为医学带来什么

就在人们刚刚熟悉了计算机和网络，对基因还没太弄明白的时候，纳米，这个物理学的老名词带出来的新技术，又开始席卷全球。

如果从人类生命发育过程来认识一下纳米，就更容易理解纳米是由蛋白质组成。蛋白质是由分子和原子组成的。原子的排列方式决定了物质的属性，例如，煤和金钢石都由碳原子组成，只因排列方式不同而身价一贱一贵。人们得了病或是患上癌症，用纳米技术一查，原来是细胞的原子排列方式发生了改变。美国的《科学》杂志也已经报道了纳米技术已用于临床诊断的事实。

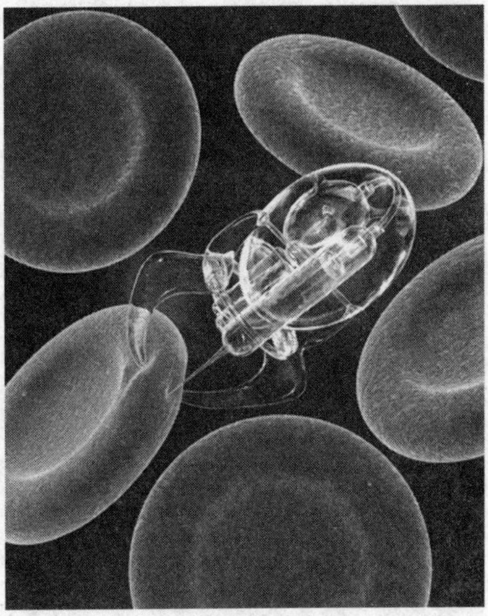
◆在血液中穿梭的纳米机器人，它的体积和红细胞一样大小

科学家们已经在设想，用基因芯片、蛋白质芯片组装成“纳米机器人”，通过血管送入人体去侦察疾病；携带DNA去更换或修复有缺陷的基因片段。这当然还比较遥远，而美国已发明了携带纳米药物的芯片放入人体，在外部加以导向，使药物集中到患处，提高药物疗效。最近，德国柏

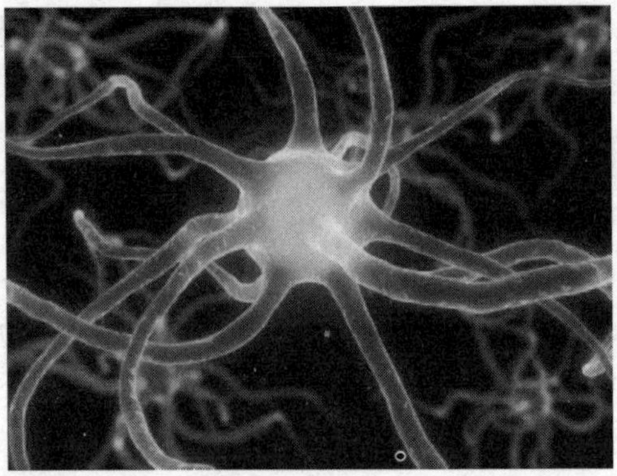

◆纳米医学可以修复神经细胞

林医疗中心将铁氧体纳米粒子用葡萄糖分子包裹，在水中溶解后注入肿瘤部位，使癌细胞部位完全被磁场封闭，通电加热时温度达到47℃，慢慢杀死癌细胞，而周围的正常组织丝毫不受影响，以改变目前化疗、放疗中“好人坏人统统杀光”的状况。有的科学家用磁性纳米颗粒成功分离了动物的癌细胞和正常细胞，已在治疗人骨髓癌的临床实验中初获成功。此外，纳米科技的应用还包括用纳米药物来阻断血管饿死癌细胞；使用纳米诊断仪只需检测微量血液就可以从蛋白质和DNA上诊断出各种疾病。

知识窗

纳米秤

就在1999年，巴西和美国科学家发明了“纳米秤”，能够称量出十亿分之一克的物体，相当于一个病毒的重量。人们已经认识到，纳米技术与其说是为人类提供更为丰富的精密、精细的产品，更重要的是建立了一种新的思维方式。

电子工业迎来纳米时代

2005年，电子工业的元器件加工精度普遍达到100纳米以下，这标志着全球电子工业已经进入纳米时代。2010年第一季度，英特尔发布了32纳米的处理器，这一尺寸随着纳米技术的不断提升与创新将会不断刷新。

◆纳米技术的超薄显示屏

电子元器件进入纳米级意味着存储元件体积更小、存储信息更多、功能更强。据统计，2003年单位芯片的晶体管数目与1963年相比，增加了10亿倍。进入纳米时代后，这一数目将保持每5年就增加10倍的速度。

广角镜——纳米级计算

纳米计算机指的是它的基本元器件尺寸在几到几十纳米范围。随着晶体管元器件尺寸的缩小，芯片上集成的元器件越来越多，计算机处理器的功能也越来越强。但科学家们发现，当晶体管的尺寸进一步缩小，达到0.1微米（100纳米）以下时，半导体晶体管赖以工作的基本原理将受到较大的限制，甚至严重到使器件不能正常工作。研究人员需要另辟蹊径，突破0.1微米界限，实现纳米级器件。

◆基于45纳米的CPU

拓展思考

1. 什么是纳米？纳米有多小？数量级是多少？
2. 你能说出几种纳米的用途吗？
3. 纳米产品有什么优点？
4. 什么是纳米计算机？现在最新的电脑CPU已经达到多少纳米？